我的人生我做主

做个有出息的青少年

郑斌◎编著

中国纺织出版社有限公司

内 容 提 要

每个人的命运都掌握在自己手里，每个人都是自己命运的设计者和建筑师，我们都要学会掌控自己的命运，并为改变命运而努力。

本书是一本心灵成长指导用书，通过大量通俗易懂且韵味深长而富有哲理的事例，告诫那些正在为命运不公而感叹的人，要从现在开始规划自己的人生，并为之奋斗，这样才不会辜负热血青春。

图书在版编目（CIP）数据

我的人生我做主 / 郑斌编著.--北京：中国纺织出版社有限公司，2021.1

（做个有出息的青少年）

ISBN 978-7-5180-7427-3

Ⅰ.①我…　Ⅱ.①郑…　Ⅲ.①成功心理—青少年读物　Ⅳ.①B848.4-49

中国版本图书馆CIP数据核字（2020）第079321号

责任编辑：江　飞　　特约编辑：高　涵　　责任印制：储志伟

中国纺织出版社有限公司出版发行

地址：北京市朝阳区百子湾东里A407号楼　邮政编码：100124

销售电话：010—67004422　传真：010—87155801

http://www.c-textilep.com

中国纺织出版社天猫旗舰店

官方微博http://weibo.com/2119887771

三河市宏盛印务有限公司印刷　各地新华书店经销

2021年1月第1版第1次印刷

开本：880×1230　1/32　印张：6

字数：105千字　定价：25.00元

前言

在西方，有一句家喻户晓的名言——每个人都是他自己命运的设计者和建筑师。这句话的含义是：要成为什么样的人，拥有怎样的人生，是取决于我们自己的。事实上，任何一个成功者，他的成功都是出自于他的双手，他不相信命运，最终，他做到了。同样，任何一个渴望改变自己现在命运的人都应该记住这句话，并要从现在起设计自己的人生。

在这个变幻莫测和充满奇迹的时代，谁都希望能出人头地，谁都希望获得财富，可是，一些人在遇到一点阻碍时便开始抱怨自己的出身不好，没有良好的基础，他们时常抱怨和嗟叹自己时运不济、命途多舛，认为自己的出发点没有自己想象中的那般理想。然而，你是否考虑过，你真的明确自己的目标吗?

你要知道，一个人的起点如何，并不能决定他的人生，如果你的起点不好，你更应该去拼搏，去改变自己命运，如果你能有坚定的信念和执着的毅力，可以为改变自己的命运而付出汗水，那么，你的人生结果，绝对不会因你人生起点的欠缺而受到任何影响；反过来，如果你衣食无忧、成长环境优越且沉醉于享乐之中，那么，你的起点再好，你也会最终“泯然众人”。

其实命运是很公平的。上帝如果没赋予你美貌，那一定会赋予你智慧；如果没赋予你智慧，那一定会赋予你美德；如果没赋予你逻辑思维能力，那一定会赋予你形象思维能力；如果没赋予你动脑能力，那一定会赋予你动手能力。每个人都是上帝的宠儿，上帝一定赋予了你闪闪发光的优点，只是你要能认识到，并把它发挥出来。

为此，你需要记住的是，千万别好高骛远，异想天开，更不要自暴自弃，怨天尤人；每天就是混日子，不思进取，不学无术，不务正业。如果这样，即使你命中注定能成为高楼大厦，你也会是一片废墟。虽然未必一番耕耘就有一番收获，但不耕耘肯定没有收获。

然而，现在的你，是否找不到方向？是否觉得无从下手？如此，你不妨读一读这本书——《我的人生我做主》。这本书也是一次思想碰撞的记录，这里有一位长者的谆谆告诫，让我们明白，这个世界上没有什么救世主，要学会设计人生，才能改变命运。这也是一本不一样的生涯规划书，让你如梦初醒，找到自己奋斗的方向，看完本书，你会获得力量，会找到自己热爱的事业，最终驾驭自己的人生，实现自己的人生价值！

编著者

2020年10月

目 录

第1章 为梦想拼搏，唯有努力才能有想要的人生

现代社会，竞争无处不在，生存也变得越来越艰难。几乎每个人都想让自己变得更加强大，为此，有人健身让自己强壮，有人学习让自己充实，有人拼搏让自己富有……其实，一个人真正的强大，并不仅仅在于身材与外形，更在于内心。只有拥有强大的内心，我们才能成为真正的强者，才能从容应对人生，迎接命运的挑战。

审视自我，看清你想要的未来

每个人从呱呱坠地开始，就不断成长。从娇嫩的婴儿，到渐渐走向成熟，一个人要经历漫长的过程。在此过程中，不但身体不断成长，人们的心智也在不断成熟。当然，心智成熟的过程并非像身体那样水到渠成，可以说，人的心智成熟的过程是漫长的也是艰难的。心智的成长，更多需要不断进行自我反省，发现自己。尽管人人都觉得对自己是非常熟悉的、毫无嫌隙的，然而实际上，每个人对自己都很陌生。一个人只有真正地了解自己，才能不断自省，不断成长和完善自我，才能更好地欣赏别人。

在这个世界上，每个人都是独一无二的个体。虽然人与人都是同类，但是哪怕是长相完全相同的双胞胎，也往往性格迥异。正如一位名人所说，这个世界上绝没有两片完全相同的树叶，也绝没有两个完全相同的人。每个人都是独特的个体，每个人都拥有完全属于自己的世界。我们唯有更好地了解自己的内心，才能更好地了解他人，才能以更加积极热情的态度投入生活。可以说，一个人唯有正确地认知自己，才能更好地把握人生，才能更加积极地拥抱人生。

自从大学毕业后，张强就非常努力。他找到一份自己喜欢的工作，每天早早地去单位，晚上下班之后，其他同事都走了，他依然留在单位加班。然而，这种工作状态很快就被破坏了，原来张强迷上了网络游戏。他不但下班的时候玩游戏，即便是在工作的间隙里，也总是偷偷摸摸地玩游戏。他甚至把每个月的大部分薪水都用来购买游戏装备，总而言之，他对游戏已经陷入痴迷状态。有段时间，张强所在的公司安装了新的管理软件，管理者从管理软件上就可以了解每个员工正在利用网络做什么事情。不过，大家都不知情。在连续三天都观察到张强沉迷于游戏后，张强的上司提醒他不要在上班时间做与工作不相干的事情。张强以为上司只是普通地提醒，因而毫不收敛。

一个星期之后，张强收到了公司的辞退通知，他莫名其妙地失去了工作。因此，他在办理离职手续前问上司自己被辞退的原因，上司向他展示了他近半个月来的工作状态记录，张强哑口无言。的确，作为公司的员工，他却利用工作时间玩游戏，这是任何一个老板都无法容忍的。张强失去了喜爱的工作，懊悔不已。他下定决心戒掉网瘾，从此之后再也不玩游戏，而是全心全意地投入工作。果不其然，他在新公司表现很好，很快就因为工作业绩好而得到了提升。

在这个事例中，张强认识自己的过程是痛苦的，直至失去了心爱的工作才幡然醒悟。现代社会，各种各样的诱惑很多，张强在陷入游戏瘾之中时，丝毫没有意识到自己已经玩物丧志。幸好，当第一个公司的管理者及时为他敲响警钟后，使他意识到问题的严重性，从而积极改变自己的状态。毋庸置疑，每个人都有各种各样的缺点，一个人从稚嫩到成熟，从有很多缺点到渐渐变得完美，都要经历独特的过程。当然，自我成长说起来很容易，做起来却很难。我们必须时刻保持自我反省的精神，更加深入地了解和剖析自己，才能不断成长。

朋友们，假如你们想要成就自己独特的人生，就从现在开始努力了解自己吧。当你看着镜子里的自己时，你会发现原本自以为熟悉的面容在镜子里显得那么陌生。当你审视精神上的自我时，你会发现曾经的自以为了解只是自以为而已。我们只有真正尽量客观公正地了解自己，并且虚心积极地改进自己，才能在人生的路上越走越远，才能如愿以偿地向成功靠近。认识自己，是把握人生的第一步，没有人能够越过这一步而获得成功的人生。

为自己找一个行动的榜样，然后奋力赶超

一个人要想拥有成就，一定要有明确的目标。当目标过于

远大导致无法起到激励作用时，我们还应该学会分解目标，让自己通过实现一个一个小目标，最终成功地成就人生。的确，理想决定了我们人生的高度，一个理想远大的人，才能风雨兼程地奔向远方。相反，如果一个人没有理想，或者理想很卑微，那么他必然难以取得伟大的成就。举个最简单的例子，一名学生，如果想要考取100分，那么他很有希望考到95分以上。相反，如果他为自己制订的目标是考取80分，那他很难超过90分。这就是理想的高度与现实之间的差距。尽管有极少数的人能够百分之百地实现理想，但是大部分的理想都会打一个折扣。由此可见，理想的高度对于我们的人生是多么重要。

当然，在分解目标的过程中，我们既可以按照先后顺序分解目标，也可以为自己寻找一个生活中的榜样，从而使其在现实生活和工作中不断地激励我们，也时刻警醒和鞭策我们。和那些缺乏生机与活力的目标相比，这些榜样无疑对我们更能起到激励作用。因为他们都是活生生的人，而且生活的条件以及学习、工作的氛围都与我们相差无几，由此一来，二者之间更具可比性。也许有人会说，我就是我，无须和别人比较。的确，每个人都是世界上独一无二的个体，但是在前进的道路上，如同赛跑一样，我们与那些同一起点的人必然有比较。尤其是当我们想要迅速进步的时候，我们更不能被动地等待，而要主动地进步，为自己树立榜样，就是一个很好的方法。

闹闹是一名高三学生，即将进入高考之前的冲刺阶段，但是他的学习成绩始终不上不下，这让爸爸妈妈非常着急。在和老师进行深入沟通之后，爸爸妈妈采纳了老师的建议，决定对闹闹进行引导。

闹闹和小华是楼上楼下的邻居。小华的学习成绩始终比闹闹排名靠前5名左右。还有晓雪，晓雪也和闹闹住在一个小区，而且他们的父母都是同事。晓雪在班里始终名列前茅，为此，爸爸妈妈经常拿闹闹和晓雪进行比较，希望闹闹也能和晓雪一样优秀。在老师的建议下，爸爸妈妈不再拿闹闹和晓雪比较，而是对闹闹说："闹闹，我们也不要求你和晓雪一样在班级里名列前茅。你能不能稍微努力一把，把成绩提高5名左右？老师说，如果你的成绩和小华差不多，就能顺利考入一本。"闹闹根本不把小华看在眼里，不以为然地说："小华算什么啊，每次考试也就比我多几分。你们等着瞧吧！"就这样，闹闹发愤图强，在两周之后的月考中，名次居然比小华还靠前了几名。爸爸妈妈见状喜出望外。妈妈委婉地说："哎哟，闹闹，看来我们真是低估你了，你的学习能力还是很强的啊，两周提前五六名，简直不可想象。我简直以为，你要是继续这么努力下去，就能进入班级前15名了呢！"

此时，旗开得胜的闹闹正在兴头上，沉思片刻，说："我现在是18名，只需要提前3名，就是15名啦。我这次都提前了五六名，我觉得提前3名压力不大。”就这样，闹闹继续努力，在下一次考试中，果然变成16名了。就这样，爸爸妈妈循序渐进，每次都给闹闹提出只要努力就能达到的名次。在3个月之后，闹闹的学习成绩居然进入班级前5名，只要稍微努力一些，就能追赶上名列前茅的晓雪了。爸爸妈妈窃喜，终于把晓雪列为闹闹的目标。这次，闹闹没有像平时一样自暴自弃，而是满怀信心地说：“我与晓雪只差两三名，我有信心。”果不其然，闹闹最终居然和晓雪以相差无几的成绩，考入了全国知名的大学。

在这个事例中，爸爸妈妈刚开始以晓雪作为闹闹的榜样，因为闹闹与晓雪相差甚远，所以只能刺激闹闹自暴自弃，丝毫无法对闹闹起到激励的作用。在老师的点拨下，他们意识到应该为闹闹树立通过努力能够超越的榜样，所以帮助闹闹循序渐进地取得进步，最终，闹闹居然在3个月的时间里成功地追赶上晓雪。

朋友们，一个人的目标越高，他就越是拥有动力不断前进。然而，过高的目标也会让人自暴自弃。聪明的做法就是为自己树立榜样，而这个榜样的实力应该是我们通过努力就能追赶上的。这样，我们才有足够的勇气和坚持不懈的毅力，把榜样作为我们的标杆，从而不断地向着榜样努力，为了超越榜样而坚持提升自己。当我们超越一个又一个的榜样，就像是一级一级地拾级而上，最终一定能够最大限度地挖掘自身的潜能，成就最优秀的自己。

看重自己，你就有可能成为强者

人们常说，骄傲使人落后，谦虚使人进步。因此，我们从小就戒骄戒躁，总是认为，唯有谦虚，我们才能获得更大的进步，才能让我们的人生获得更长足的发展。的确，谦虚能够帮助我们保持空杯心态，更加虚心进取，并最终使我们获得成功。但是，凡事皆有度，谦虚一旦过度，就变成自卑，变得和骄傲一样阻碍我们的进步。从某种意义上说，过度的谦虚和骄傲一样使人退步。尤其是在关键场合，人们常常因为自卑变得怯懦，不愿意在他人面前展示自己，也极度缺乏自信。长此以往，他们必然陷入自卑的陷阱之中无法自拔，也因为害怕失败而与成功绝缘。

黑格尔是德国大名鼎鼎的哲学家，他曾经说，“自卑总是和懈怠相伴而行。”从心理学的角度而言，自卑是一种性格上的缺陷，自卑者往往低估自己，缺乏自信，也因而妄自菲薄。纵观古今中外，细心的朋友会发现，每一个成功者都充满自信，他们相信自己有能力获得成功，并且为此不懈努力，最终才真正获得成功。因而做人一定要高看自己一眼，摆脱自卑的泥沼，如此，我们才能展翅翱翔。记住，谦虚和自卑永远有着本质的不同，我们可以谦虚，却不能自卑，更不要妄自菲薄，因为别人无心的评价而轻易改变自己。我们要有足够的自信，相信自己是这个世界上独一无二的个体，这样才能帮助自己成就人生，收获快乐。

大家都认为，美国女星杰西卡·阿尔芭的脸蛋非常漂亮迷人。曾有一个由美国研究人员和加拿大研究人员共同组成的研究团队，经过精确计算，证实杰西卡·阿尔芭的面孔的确符合人脸黄金比例的要求。不过，有段时间，杰西卡·阿尔芭非常苦恼。原来，有个中国上海的女孩，因为被男友提出要求按照杰西卡·阿尔芭的脸孔整容，居然真的在社交网络上发帖，声称自己要模仿杰西卡·阿尔芭的模样整容。

对于这个上海女孩的疯狂举动，阿尔芭曾经在公开场合进行了发言。她真诚地劝说女孩："假如一个男人真的爱你，他绝不会因为对你的长相不满意就要求你整容。至于我自己，永远也不会希望改变自己的模样。"

在这个事例中，虽然这个上海女孩是为了挽回男友的心而作出了如此疯狂大胆的决定，但是我们不得不遗憾地表示，这个举动简直难以理解。阿尔芭说得很对，假如一个男人真的喜欢你，那么他一定不会要求你把容貌变得和另外一个人完全一样。况且，在恋爱关系中，讲究的是平等和真爱,在任何情况下，我们都不能因为爱一个人，把自己低到尘埃里，变得毫无原则。

古人云，身体发肤，受之父母。每个人都要珍惜父母给予我们的天然容貌，不要为了追寻所谓的美丽，更不要为了挽回爱人的心，做出如此荒唐的举动。在这个世界上，每个人都是独一无二的个体，每个人都有自己与众不同的脾气秉性、性格爱好，我们唯有更爱自己，才能做到拥抱和珍惜生命。其实，对于任何人而言，坚持自我、高看自己一眼，都是难能可贵的品质。尤其是在从众之风盛行的今天，有个性的人越来越少。若我们变得和他人一样，我们还有什么存在的意义呢！一个人不管是在生活中还是在工作中，也不管面对怎样的人和事，都要做到坚持自己。

大家都知道举世闻名的笑星卓别林，他在荧幕上给无数人带来快乐。殊不知，卓别林刚开始从事演艺事业时，也很喜欢模仿他人，他总是模仿其他的笑星，但是最终毫无所成。广大观众希望从荧幕上看到与众不同的表演，而不只是看到盲目的模仿。意识到这一点之后，卓别林不再模仿那些成功的喜剧演员，而是发掘自己的特点，让观众朋友在荧幕上看到了与众不同的自己。最终，他走出了自己的独特演艺道路，且真正最大限度地发挥了自己的才能。朋友们，我们也要坚持自己，也要高看自己，不要盲目地模仿他人，更不要毫无原则和底线地改变自己，这样我们才能拥有自己与众不同的独特人生，才能赢得他人的认可和赞赏。做自己，这是我们最重要的人生目标。

定位你的人生，奋勇前进

不管我们处于人生的哪个阶段，定位都是至关重要的。对于任何人而言，假如人生没有定位，那么梦想就会失去方向，人生也会如同无头苍蝇一样忙乱地处处碰壁。很多人都知道，当船只在漫无边际的大海上航行时，必须通过罗盘定位，才能坚持朝着目的地不断行进。人生也如同辽阔无边的大海，而且和大海一样会遭遇狂风大浪、疾风暴雨。在这种情况下，一味地退缩根本毫无用处，要想坚定不移地驶向目的地，我们就必须排除万难，勇往直前。这就需要我们对人生进行准确的定位。

现实生活中，很多人都把定位与梦想混淆起来。的确，从某种意义上说，定位和梦想的确有着相似之处，然而，定位又不同于梦想。梦想是对人生的憧憬，定位却要求我们对人生进行精准的把握和操控。不管是在生活中还是在工作中，我们都需要对自己的人生进行定位，如此才能避免偏颇。此外，在对自己的人生进行定位时，我们还要进行理智地思考，如客观评审自己的条件，分析自己的优势和劣势，从而作出理智的定位。和梦想的大而化之不同，定位更加精确，且要求我们稳、准、狠地把握人生。一个人在成功定位自己之后，既有长期目标，也有短期目标，而且对于自己如何实现这些目标能做到胸有成竹。由此可见，定位对于我们人生的实现至关重要。一个人只有准确定位自己的人生，才能向着未来不断努力，才能竭尽所能地实现自己的人生。

松下幸之助出生在一个贫穷的家庭里，他很小就要为了养家糊口四处奔波。长大之后，年轻的他去了知名的电器公司求职。然而，因为他又瘦又小，而且穿着脏兮兮的衣服，所以这家公司的招聘负责人当即拒绝了他："我们已经招满了，你过段时间再来吧！"

其实，招聘负责人完全是在婉拒松下幸之助，但是过了一段时间，松下幸之助真的回来了。无奈，招聘负责人只好随便又找了个借口，打发走了松下幸之助。然而，松下幸之助毫不气馁，隔了几天再次到访公司。看到松下幸之助如此执着，招聘负责人只好无奈地告诉他真相："你实在太邋遢了，形象太差，我们公司不会聘用你的。"听到这句话，松下幸之助丝毫没有气馁，反而高兴地离开了。几天之后，他穿着借钱买来的新西服，再次来到公司。招聘负责人难以置信地看着他，说："你根本不懂得电器知识，不符合我们的招聘要求。"对此，松下幸之助依然不气馁，而是当机立断报名参加了培训班，学习电器知识。直到两个月后，衣冠整齐、熟悉电器的松下幸之助才再次出现在招聘负责人面前，招聘负责人被他的坚韧不拔感动了，说："我负责招聘这么多年，从未看到任何求职者像你一样坚持不懈。"

就这样，松下幸之助如愿以偿地进入那家公司，开始了自己崭新的人生。若干年后，松下幸之助已经成为日本大名鼎鼎的松下公司的负责人。

有一次，公司要招聘一批销售人员，足足有几百人报名。报名分为笔试和面试两个部分，经过层层筛选，最终有10名优秀的应聘者进入公司的录用名单。看完名单，松下幸之助有些疑惑，因为在面试过程中，他对一个叫神田三郎的应聘者印象深刻。因此相关工作人员马上进行核实，发现神田三郎的成绩的确名列前茅，只是因为计算机统计过程中出现错误，所以才被遗漏了。为此，松下幸之助要求负责人马上给神田三郎发聘用通知，改正错误。

次日，负责人报告松下幸之助，神田三郎因为没有接到聘用通知书，居然跳楼自杀了。对于这个难得的人才，负责人很懊恼计算机出错，然而松下幸之助知道事情真相后说："幸好我们没有聘用他，他心理承受能力居然如此差，根本不足以承担销售工作。"

在这个事例中，松下幸之助找工作时先是被拒绝了好几次，但是他从未放弃希望，而是坚持不懈地尝试和努力。后来，他又被招聘负责人挑剔出很多缺点，他对此也毫不气恼，而是马上积极地改进自己。

最终，他坚韧不拔的毅力感动了招聘负责人，对方最终决定给他机会，让他实现自己的理想。

可以说，松下幸之助对于自己的人生定位非常明确，贫穷的他只有努力工作，才能改变命运。然而，后文的神田三郎就没有那么幸运了，只是一次失误的打击，他就放弃了自己年轻而有才华的生命，让人感慨唏嘘，也让松下幸之助看到他脆弱的心灵和对人生的迷茫无知。

人生在每个阶段，都应该顺应形势对自己进行不同的定位。诸如在小学阶段，我们的目标也许是成为三好学生，得到老师的欣赏和喜爱；在高中阶段，我们梦想着能够考入心仪的大学，从父母的身边飞走，开始自己崭新的人生；在工作中，我们希望自己能够更加努力，出类拔萃，从而成就自己的事业；在谈婚论嫁的年纪，我们梦想着找到心仪的意中人，携手度过幸福的人生……总而言之，我们在每个阶段都有对于自己的定位，正是这些具体的目标激励着我们在人生路上不断前行，也帮助我们成就自己。

认准你要走的路，谁也无法阻挡你

人生之中，任何人都不可能一蹴而就地获得成功。在通往成功的路上，我们都必须坚持付出点点滴滴的努力，不断积累，永不放弃，战胜无数的坎坷挫折，最终才能到达成功的彼岸。也许有些朋友会说，我已经占据了天时地利人和，也已经为自己创造了便利的条件，为何就是无法取得成功呢！其实，朋友们，天时地利人和，包括独出心裁的创意在内，虽然是成功的必需条件，但并不是成功的充分条件。要想获得成功，我们除了需要具备上述这些条件之外，还要坚定不移地做自己决定的事情，走出属于自己的人生之路。

虽然现实生活中有很多人没有梦想，其实，梦想的建立还是很容易的。尤其是相比实现梦想的过程，建立梦想更是轻而易举。然而，如果不付诸实践，有再多的梦想也是徒劳无功。很多事情，说起来容易做起来难，唯有切实展开行动，才算真正迈开了成功的第一步。对于成功而言，冲刺并非最重要的决定因素，过程中的艰难和忍耐，坚持和付出，才是决定成功的重要因素。

作为美国著名电视节目主持人，莎莉·拉斐尔在出名之前，曾经被电视台辞退了18次。曾经，很多人都把她的主持风格贬得一文不值。

刚开始时，她想去美国的大陆无线电台工作，遭到拒绝，因为电台负责人认为她作为女性根本不能吸引观众。在此之后的几年时间里，她接二连三地找工作，接二连三地被辞退。1981年，她在纽约的一家电台工作，被指责落后于时代，遭到辞退。此后的一年多时间里，她始终失业在家。有一次，她把自己策划的一档访谈节目推荐给国家广播公司，虽然国家广播公司同意试用她，却让她主持政治节目。当时，她对政治毫无所知，为了适应工作，她不得不抓住每一分、每一秒的时间恶补政治知识。

1982年夏天，她作好充分准备，终于正式走上主持岗位。没想到，她的主持风格很亲切，主持技巧在多年的历练中也趋于成熟，居然成功地征服了观众。在她的号召下，包括总统在内的美国人民全都积极拨打热线电话，讨论国家政治，大众对于政治表现出空前的热情。她的节目前所未有，她也因此成为颇有名气的主持人。从此，她创造了属于自己的奇迹。

回想起曾经痛苦的经历，莎莉·拉斐尔说："在那段艰难的岁月里，我每隔一年半就会遭到辞退，我当时甚至以为自己注定一生碌碌无为。然而，我知道上帝只能决定我的存在，不能决定我的命运，我决定要用坚持不懈的努力改变命运。终于有一天，我彻底把自己的命运从上帝手中夺过来，我成了自己命运的主宰。"

平均每一年半就被辞退一次，还时常处于失业的状态中——假如莎莉·拉斐尔不是对于自己的人生坚定不移，那么她就无法获得今天的成就。幸好，她从上帝手中夺回了自己的命运，这才成为自己命运的主宰，拥有成功辉煌的人生。

任何时候，只有理想和梦想是远远不够的。我们唯有坚定不移地迈开前进的脚步，一旦认准了脚下的路，就永不停歇地走下去，才能最终到达成功的彼岸，才能成就自己与众不同的人生。朋友们，当你们遭遇挫折的时候，当你们为了命运多舛想要放弃的时候，不妨想想那些坚持不懈的成功人士吧，他们正因为顽强的信念和毅力，才获得了伟大的成就。

只要努力，你就能成为强者

现代社会，人才辈出，职场上也高手林立，一个人如果没有真正的实力，就很难在竞争激烈的职场上生存下来。那么，面对越来越强悍的对手，我们如何才能更好地生存下来，验证自己的实力呢？其实，很多人之所以在激烈的竞争中败下阵来，很多时候并非输给了别人，而是输给了自己。面对强者，他们不战而降，发自内心地感到自卑，也特别软弱。正如人们常说的，长别人的志气，灭自己的威风。这种现象实际上在生活中随处可见。因而，朋友们，你们如果想要成为真正的强者，首先应该让自己的内心强大，在心理上战胜自己，突破软弱的囚牢，如此，你们才能越来越强大。

一个人，假如内心很强大，即便遭遇困境，也能够从生命的源泉中不断汲取力量。与此同时，哪怕面对再强大的对手，他也能够坦然以对、淡定从容。而且，他能够客观公正地认识自己，深入了解和剖析自己。即便发现自己的弱点和不足，他也能够从容不迫，意识到每个人都是不完美的，唯有坦然接受自己的不足，才能积极提升和完善自己，才能更加强大。朋友们，记住，你的名字不是软弱。人生不如意十之八九，任何人在人生旅途中都会遇到坎坷和挫折，唯有收起软弱，表现坚强，人生才能更加顺遂如意，成功才会青睐我们。

贝多芬的《命运交响曲》，反映了人类与厄运搏斗，最终战胜命运的不屈斗争。其实，这部作品也是贝多芬的人生写照。贝多芬曾说："命运就是这样敲门的。"

作为举世闻名的音乐家，贝多芬的命运很悲惨。贝多芬出生于一个贫困的家庭，因为父母感情不好，他的童年时期几乎是在眼泪的浸泡中度过的。正是艰难曲折的生活，使得贝多芬形成了倔强独立的性格，也使得他的内心感情丰富。

12岁时，贝多芬就开始作曲。14岁时，他进入乐团参加演出，用微薄的薪水帮助父母养育弟弟妹妹。在贝多芬17岁那年，他的母亲因病去世，贝多芬不得不负担起家庭的重担，负责照顾两个弟弟和一个妹妹，还要照顾没落的父亲。后来，贝多芬身患伤寒和天花，险些死去。命运对他简直太残酷了，然而他坚强不屈地熬过了那段最艰难的岁月。

28岁那年，贝多芬作为一个音乐家，居然失聪了。众所周知，对于音乐家而言健全的听力多么重要，这个打击对于贝多芬是致命的。从此之后，他生活在无声的世界里，不得不克服各种无法想象的困难，才能继续进行音乐创作。正是在无声的世界里，他创作出《命运交响曲》，表达了对命运的不屈抗争。

1827年3月26日，享年57岁的贝多芬在狂风暴雨中辞世。他的一生虽然贫病交加、厄运不断，却是顽强不屈的一生。在短暂的一生中，他给人类留下了宝贵的音乐财富。可以说，贝多芬是命运的强者，是值得我们每个人学习的。

一个音乐家失去听力，就像一个画家失去眼睛一样，这样的打击是致命的，也是使人难以承受的。然而，贝多芬熬过了生活的重重困难，最终在艰难的处境里创造出经典的传世音乐，给予世人无穷的力量。朋友们，大多数人不会像贝多芬那样困难，因而更应该顽强不屈地活着。退一步而言，就算我们命运多舛，也应该想一想张海迪、海伦，再想一想桑兰等身残志坚的人，从而更加坚定不移地走出属于自己的人生之路。

正如人们常说的，没有人的一生是一帆风顺的。面对人生的坎坷挫折，我们必须鼓起勇气，知难而上，无所畏惧，这样才能让困难变成弹簧，在我们面前偃旗息鼓。记住，真正的强者不畏惧困难，也不会在苦难面前退缩。也许对于真正的强者而言，困难恰恰是一次历练，也是人生的试金石，帮助我们更好地验证自己，证明自己的实力和强大。朋友们，记住，人生没有绝境，只要我们的心永远张开希望的翅膀！

第2章 突破自我，告别安逸是实现灿烂人生的第一步

你想成功吗？想必很多人都会回答“想”。可是，你能狠得下心严格要求自己吗？想必很大一部分人已经有所顾忌、有所怯懦。是啊，之所以有成功者有失败者，就是因为很多人害怕吃苦受累，不忍心对自己“狠一点”。如果一味地宠着自己，那么我们如何更快地成长呢？其实生活中没有什么过不去的坎儿，只要我们咬咬牙，一切都会过去的。战胜自己的人，才配得到上天的奖赏，我们只有不断地磨炼自己，才能收获更多的进步。所以说，要想成功就不要再得过且过地过日子了，用一股努力向上的“狠劲”不断前进吧！

你太爱自己，又怎能成长

人们总是说“想要有所作为，就要对自己狠一点”，可是遇到问题的时候又有多少人对自己狠得下心呢？不用说什么成就一番伟业，就算是生活中戒烟戒酒、减肥瘦身这样的小事，很多人都无法对自己“狠一点”，总是说“以后我肯定不再这样了，这是最后一次”。可是，总是这样宠着自己，我们该如何面对人生的风风雨雨呢？

知名作家刘墉曾在他的书中这样写道：

文学大师梁实秋先生在世的时候，我有一天跟他同桌用餐。

冷盘端上来，梁先生说他有糖尿病，不能吃带甜味的熏鱼；冰糖肘子端上来，他又说不能碰，因为里面加了冰糖；什锦炒饭端上来，他仍说不能吃，因为淀粉会转化成糖。

最后，端上“八宝饭”，我猜他一定不会碰了，没想到梁先生居然大笑道：“这个我要。”朋友提醒他：“里面有糖！”

梁大师则笑说他早知道，就因为早知道有自己最爱吃的

“八宝饭”，所以前面特别节制。“我前面不吃，是为了后面吃啊！因为我血糖高，得忌口，所以必须计划着，把那‘配额’留给最爱。”

转眼三十多年过去了，但我常想起梁实秋先生的这段话。我发现许多伟大的人，都因为他们节制自己，集中力量在特定的事物上，才有杰出的成就。

只要能对自己“狠一点”，做自己该做的事，集中精力，全心全意，毫不懈怠，每个人都能把自己的工作做得很出色。遗憾的是，绝大多数人却总是沉溺在微不足道的“舒适”中，任由机会一次又一次从身边溜走。

邓文迪对自己总是非常严格，甚至有点太“狠”。留学期间，她把自己的学习和生活安排得满满当当，忙碌的程度简直令人难以想象。

她每天早晨6点起床上学，11点多一下课就要赶到中国餐馆打工，一直做到晚上10点，才能回家看书，刻苦研读熬到深夜。由于大家都在打工，所以好似拼命三郎的邓文迪不但不觉得苦，反而觉得很有意思。

邓文迪在读中学时就相当刻苦，在她报考耶鲁大学的MBA工商管理硕士时，数学这一门竟得了满分。她说，“感觉那些大学课程，我在中国念高中时就读过了”，就是在这样的努力下，邓文迪终于成功读完了4年的MBA工商管理课程，拿到硕士学位。对于这段经历，邓文迪非常自豪，觉得对自己虽然有点“狠”，但是能够自己养活自己是很有意义的。

回忆起在耶鲁大学做学生时那些紧张忙碌的日子，邓文迪的内心总是特别充实而快乐。她并不觉得自己过得又苦又累，因为在耶鲁大学的那段美好时光让她第一次找到自己的理想。那时候美国的大学都是课时学分制，只要考试考得好就是好学生。求知欲极强的邓文迪对考试最是拿手，所以成绩总是出奇地好，这也是她刻苦学习的结果。那时候，仿佛全世界优秀的人才，都聚集在一起做朋友。耶鲁大学的那些同学爱好广泛，事业都很成功。

如果邓文迪不懂得对自己狠一点的意义，那么她就不会如此刻苦学习，努力做最好的自己。正因为她懂得，所以她成功了，她用自己的努力证明了自己。

在困难面前，有的人迷茫了，认为希望就像肥皂泡一样破灭了，但就是这个时候，我们更应该懂得这只是我们人生真正考验的开始。

想成功，就要对自己狠点儿，我们应该坚决面对困难不妥协，想尽一切办法去克服它。

人就是一根弹簧，越是有压力的时候就越能显示出自己的能力。这个比喻很贴切。所以说，希望我们能够做到像弹簧一样，在压力面前有一股反弹力，遇到挫折反而更加坚强。

战胜自己，做自己人生的主人

罗曼·罗兰曾说："最强的对手，不一定是别人，而可能是我们自己；在征服世界之前，先得战胜自己。"在生活中，有些人成就不大，不在于智力不够，而在于没有克服自己心理上的弱点和谬见；只有不断向自己挑战，认真对待自己的心理障碍，才能取得更大的成功。人最大的对手就是自己，病痛是自己的对手，烦恼也是自己的对手。疾病既是对手，就要治疗它，甚至"与病为友"；烦恼是对手，也要面对它，更要"转烦恼为菩提"；自己也是对手，尤其要面对，更要"战胜自己，征服自己"。

王江民是江民杀毒软件的创始人，因为小时候患小儿麻痹症而落下终身残疾，但是他意志坚定，凭借自己的努力缔造了中关村的传奇，虽然如今他已经不在人世，但是他战胜自己的精神一直是我们应该学习的榜样。

王江民出生在烟台的一个普通家庭，3岁的时候就患上了小儿麻痹症，治愈后一条腿落下了残疾，下楼的时候经常会从上面摔下来，他感觉自己完了，从此，他不再和小伙伴们一起玩耍、嬉戏。他没法下楼，只能趴在窗台上看着大街上来来往往的人群，空虚寂寞的时候就拿出一张纸条，撕成两半，做成"转转"往楼下放，然后把头伸出来看纸条做成的"转转"往下落。在很长一段时间里，王江民很自卑，感觉自己已经被这个世界抛弃了。他拖着那条不灵活的腿上学，经常被别人欺负、嘲笑，并且因行动不便，那条本来已经残疾的腿又被自行车轧断过一次。

他不能像别的小朋友一样出去玩，就一个人在家看书。通过读书，他迫切地意识到自己应该增强意志力，只有那样才能适应社会和环境，才能征服人生中的磨难和挫折。他心里清楚自己最应该战胜的人是自己，但是他迈出的第一步是异常艰难的。当时的交通工具主要是自行车，王江民就把学会骑自行车当作战胜自己的第一步。但是他的腿很不灵活，也没有力气，需要一个支撑物才能保证自行车不会倒下。于是他不是像别人那样学习，而是先把自行车的支架撑好，然后小心地骑上去，再开始蹬自行车，当后轮的转速达到一定速度的时候，他就身子向前一使劲，这样，自行车就开始向前跑了。但是，因为一只脚没有力气，他不能蹬完整的一圈，自行车很快又会倒下。自行车倒地的时候，他根本没有能力控制自己的身体，于是就连人带车一下子摔倒在地上。后来，好不容易克服了两只脚不能配合蹬一圈的问题，能够骑着车向前走了，下车又成了问题。刚开始学习下车的时候，有一次他忘了刹车，由于车速比较快，他摔倒后手又不知道放开，就被自行车拖着在地上走了起来，他的半边身体都被擦破了。很多人都让他放弃，感觉他那是在折磨自己，但是他偏偏不放弃，他认为自己只有和正常人一样才算是赢得了第一步的成功。不知道摔倒了多少次，王江民终于学会了骑自行车，当他像正常人一样骑着自行车出去玩的时候，心里高兴极了，感觉残疾根本不能阻挡自己的理想。

从此以后，他更加严格地要求自己，凭着坚强的毅力不断地战胜自己，打开了一扇又一扇本不属于自己的大门。他一辈子没有上过大学，38岁的时候开始学习电脑，却开发出了中国首款专业杀毒软件，并于2003年跻身“中国IT富豪榜50强”，先后被授予一个又一个的荣誉称号。

王江民，他是一个身残志坚的典范，是一个不断战胜自己、战胜命运的楷模。他用一生的努力向人们证明了自己，诠释了一个残疾人不断奋进的可贵精神。一个人想要征服世界，首先要战胜自己，让自己能够全身心地积极健康地投入到有意义的事业中去，争取成功，而不应为外物所控制。其实，几乎每个人都曾受到自卑心理的影响和折磨，面对自卑，我们采取的态度往往决定了我们人生未来的成就。如果你在自卑面前退缩，它就会将你彻底击败，摧毁你的人生；可是如果你挺直腰板敢于与其对抗，那么你将会迎来一个充满阳光的美好人生。

人生中最大的敌人就是自己，许多困难的产生都源自人们的内心。当一个人明白所有的困难和障碍全都是自己制造之时，他才能真正地去克服它们、战胜它们，因为他找到了根源。

向安逸告别，开启人生奋斗历程

传说从前在五台山有一种奇特的小鸟，名叫寒号虫。寒号虫有四只脚、两只肉翅，不会飞行。盛夏季节是寒号虫最快乐的日子，它全身长着绚丽丰满的羽毛，鲜艳夺目，使百鸟十分惊羡。寒号虫得意扬扬，整天走来走去，到处找别的鸟比美。它一边走一边唱道："凤凰不如我！凤凰不如我！"

夏去秋来，有些鸟飞向遥远的南方，到那里去过冬；留下的鸟整天辛勤劳碌，积粮造窝，准备过冬。只有寒号虫仍然游游逛逛，到处炫耀它那身五光十色的羽毛。

秋去冬来，寒风呼啸，雪花飘舞。别的鸟在秋季都换上了一身又厚又密的羽毛，迎接寒冬的到来；而寒号虫却与众不同，到了冬天，它那身漂亮的羽毛脱得光光的，一根毛也没剩下，就好像还没有长毛的鸟仔儿。夜晚，全身光秃秃的寒号虫，躲藏在石缝里，凛冽的寒风不断袭来，冻得它浑身直打哆嗦。它不断地咕噜道："好冷啊，好冷啊，明天就做窝，明天就做窝。"可是，当寒夜过去，太阳从东方升起，温暖的阳光照耀大地时，寒号虫便忘记了昨夜的寒冷，忘记了要做窝的决心，它又说：“得过且过！得过且过！”

寒号虫始终也没有做窝，就这样一天天地混日子，最后被冻死在五台山的岩石缝里。

成语“得过且过”即由此而来，意思是过一天算一天，不作长远打算。现在也指工作、学习中只求过得去即可。对于很多人来说，容易受到外界的迷惑，不能始终坚持，总是贪图享乐，他们不奋力前进，最后只能蹉跎一生，一事无成。

有一匹偷奸耍滑的狼，每次跟着狼群去抓捕猎物的时候，它都不会全力以赴，而只会虚张声势地比画几下子，有好几次猎物的逃脱都与它的配合不到位有很大的关系。

事后，头狼组织狼群一起总结捕杀猎物的经验教训时，它也不认真听。别的狼刻苦训练、挑战自己的极限时，它却优哉游哉地到处晃悠。它的生活状态分明就是在混日子。

渐渐地，头狼和许多其他的狼都看出这条狼懒惰而又自以为很聪明的本质了，都纷纷地开始疏远它。

但是这匹狼不知悔改，相反，它认为，反正事已至此，也只有得过且过，混完一天是一天了。它不愿意痛苦地磨炼自己，也不愿意为了保持捕获的能力而一次次地挑战自己奔跑的极限。

头狼见它丝毫没有悔改之意，于是就毅然决然把它赶出狼群了。没过多久，这条狼就被饿死了。

这匹狼很明显就是在混日子，根本不懂得学习、提升自己的本领，混一天算一天，这样的心态，饿死也是情理之中的事情。其实，生活中不也是有很多类似的人吗？无论是对待工作还是生活，没有丝毫的上进心，别人在追求梦想的路上不断打拼，而他们却在悠闲自在地混日子混工资，慢慢地成为一个颓废的人。还有的人想做大事，却漫无目标，得过且过，这样的人肯定会有很多局限性而无法超越自我，难有大的突破和进展。实际上，凡是有“得过且过”心态的人，无不是给自己立了一堵墙，并陶然忘我地在围墙之内沉醉，殊不知，这俨然是在浪费生命。

你的努力是对自己人生的负责，你对生活的热忱是对生命的敬重。在这个方面，美国著名人寿保险推销员乔治曾创造出一个个伟大的奇迹。

最初，乔治是一名职业棒球运动员，后来却被球队开除了，因为他动作无力，没有激情。球队经理对乔治说：你这样对职业没有热忱，不配做一名棒球职业运动员。无论你到哪里做任何事情，若不能打起精神来，你永远都不可能有出路。这次惨痛的经历给了乔治沉重的打击，但他并未意志消沉。朋友又给乔治介绍了一个新的球队。

在工作的第一天，乔治作出了一个惊人的决定：他决定做美国最有热情的职业棒球运动员。从此以后，球场上的乔治就像装了马达一样，强力地击高球，把接球人的手臂都震麻了。

有一次，乔治像飞车一样高速冲入三垒，对方的三垒手被乔治强大的气势镇住了，竟然忘了去接球，乔治赢得了胜利。热忱给乔治带来了意想不到的结果，不仅将他出色的球技发挥得淋漓尽致，还感染了其他队员，整个球队变得激情四溢。

最终，球队取得了前所未有的佳绩。当地的报纸对乔治大加赞赏：那位新加入进来的球员，无疑是一个霹雳球手，全队的人都受到他的影响，充满了活力。他们不但赢了，这场比赛也是本赛季最精彩的一场比赛。

由于对工作和球队的热忱，乔治的薪水由刚入队的500美元提高到约4000美元。在以后的几年里，凭着这一股热情，乔治的薪水又增加了约50倍。后来由于腿部受伤，乔治离开了心爱的棒球队，到一家著名的人寿保险公司当保险助理，但整整一年都没有业绩。乔治又迸发了当年打棒球一样的工作热忱，很快就成了人寿保险界的推销明星。后来他一直从事这个职业，取得了非常优秀的成绩。

乔治在回顾他的职业生涯时深有感触地说：我从事推销30年了，见过许多人，由于对工作保持着热忱的态度，他们的收效成倍地增加；我也见过另一些人，由于缺乏热忱而走投无路。我深信热忱的态度是成功推销的最重要因素。

得过且过，满足于现状的人，永远只会活在自我窄小的圈子中，看不到希望的曙光，很难有出头之日。对于成功的人来说，他们都有着远大的目标，有着前进的动力，有着不断挑战自我的决心。他们不畏惧困难，不得过且过，没有混日子的心态，这是一种责任意识，也是一种生活态度，所以成功不属于他们属于谁呢？他们不会因为一时的成功而扬扬自得、不思进取，而是始终认为“下一刻的自己才是最好的”，从而激发自己不断追求更高目标的欲望，直至达到最终的成功。

逼自己一把，改掉那些坏习惯

有位名人曾经说过：“播种行为，收获习惯；播种习惯，收获性格；播种性格，收获命运。”的确，好习惯是走向成功的钥匙，而坏习惯则是通向失败的大门。很多人在成功的道路上没有坚持到胜利，并不是他们没有聪慧的大脑，也不是他们没有赶上好的时机，而是他们身上的那些坏习惯阻碍了他们的成才之路。

保罗·盖蒂，前世界首富，曾连续20年保持美国首富地位。保罗·盖蒂商战谋略高超，在和美国“石油七姐妹”的鏖战中，建立起了自己的石油帝国，被称为“石油怪杰”。

保罗·盖蒂有句名言：“好习惯让人立于不败之地，坏习惯则让人从成功的宝座上跌下来。”有一段时期，保罗·盖蒂抽烟抽得很凶。他在法国度假的时候，有一天晚上，下起了大雨，道路泥泞，十分不好走，他开了几个小时的车，感觉累极了，于是就近找了一家小旅店投宿。吃完晚饭，他回到自己的房间倒头就睡。但是天还没亮他就醒来了，此时，他很想抽一支烟。他打开灯，在床头找烟，但是没有。他不得不下了床，翻遍了衣服口袋和行李袋，但是只找到一个空烟盒，连一根烟头都没有找到，这让他感到失望极了。因为他清楚这时旅馆的酒吧和外面的餐厅都没开门，而把不耐烦的门房叫醒，则是不可能的事情。

为了满足自己的烟瘾，保罗·盖蒂决定起床穿好衣服，到6条街之外的火车站去买。可是，他忽然想起自己的汽车停在离旅馆还有一段距离的车房里，车房已经关门了，清晨6点才会开，外面现在还下着雨，这个时间段也不可能叫到出租车。但是，在烟瘾的驱使下，盖蒂还是下了床，穿好衣服，准备冒雨出去买烟。然而，在他准备伸手拿雨衣的时候，他忽然感到自己的行为实在是荒唐可笑。盖蒂站在那里，反思自己的行为。一个受过教育的知识分子，一个商人，一个自诩有足够智慧对他人下命令的人，居然管不住自己的欲望，为了一根香烟，离开舒适的旅馆，半夜三更冒雨出去。

这时，保罗·盖蒂第一次意识到，自己早已养成了一个不好的习惯，那就是为了一个坏习惯的满足，他可以放弃极大的舒适。他清醒地认识到这个习惯将会对自己造成很大的影响，所以，他很快就作出了一个决定。他走到桌边，把烟盒扔进了垃圾筒，然后心情轻松地换上睡衣，回到舒服的床上，心中有种解脱的感觉，甚至有一种胜利的感觉。他满足地关上了灯，伴随着窗外的雨声，睡眠香甜。从那以后，保罗·盖蒂就戒了烟。

其实，我们可以用类似下面的语言来时刻提醒自己：

笨蛋才不能控制吸烟的欲望。

我可以戒烟。

吸烟不利于我的身体健康。

吸烟损害了身边人的健康。

我可以凭意志力戒烟。

你可以选择做一些其他的事情代替吸烟，从而转移注意力，这种方法十分有效。

坏习惯是可以改掉的，只要我们对自己狠得下心，不再一味地娇惯自己，努力去改正，那么我们慢慢地就会摆脱坏习惯的控制。人应该支配习惯，而绝不能让习惯支配人，一个人如果不能改掉他的坏习惯，那简直是太失败了。

许多行为在重复做过几次之后，就变成一种习惯。习惯有好有坏。好习惯虽不能立即带来明显的效益，但你会一辈子从中受益；坏习惯却只能令你的成就有限。如果一个人沾染到坏习惯而不懂得及时改正，那么，一旦坏习惯在他的思想里根深蒂固，其前进的道路就会受到严重的阻碍。总的来说，做人应坚持好习惯，摒弃坏习惯。

不断磨炼，才能不断蜕变

泰戈尔曾说："只有经历地狱般的磨炼，才能炼出创造天堂的力量；只有带血的手指，才能弹出世间的绝唱。"成功需要磨炼，不经历生活的磨炼，一个人是很难有所作为的。所谓"玉不琢不成器"，说的就是这个道理。如果人生的道路布满了荆棘，那正是磨炼坚强意志的好时候。我们要抓住机会，战胜前进道路上的种种困难，成为生活的强者。

居里夫人从小显示出别的孩子所没有的坚强意志，她面对困难从不会畏惧，而且不达目的决不罢休。居里夫人在法国上学时，租住的小房子里没有电灯，没有水，没有暖气。为了能取暖，她只能到图书馆去看书，回到住处后，她把冬天的衣服都穿上睡觉还冻得发抖。她常常没有钱吃饭，一连几十天只能吃面包。就是在这样的环境里，居里夫人坚持学习了4年，获得了物理和数学双硕士学位。

那一年，她与法国物理学家比埃尔·居里结婚后，开始相互扶持，共同向着科学高峰进军。那时，这对夫妇的日子仍然过得十分拮据，为了找到一种能透过不透明物体的射线，他们借了一个废弃的木棚作为实验室，里面既潮湿又黑暗，一到下雨天，外面下大雨，里面下小雨。为了减少花费，他们步行很远去买价格便宜的沥青矿渣。靠着几件简陋的实验设备，居里夫妇开始了繁重的实验工作。一身布满灰尘和油渍的衣服就是居里夫人的工作服。她把矿渣倒进大锅里，用一根比她还高的木棍不停地搅拌，还得经常把20多千克重的容器搬来搬去……实验工作经历了一次又一次的失败，但居里夫人没有放弃，相反，她整整坚持了4年，经过1400多个日夜的奋战，终于提炼出具有极大的放射性镭的化合物——氯化镭。这个成果轰动了全世界。1903年，居里夫妇共同获得了诺贝尔物理奖。

1906年4月19日，对居里夫人来说这是一个让她永生难忘的日子。就在他们夫妇的工作、生活条件有所改善时，比埃尔·居里却突然死于一场车祸。居里夫人从此失去了亲爱的丈夫和最好的导师。她尽管悲痛至极但没有消沉，而是把悲痛化作了力量继续进行物理研究。1910年，居里夫人终于提炼出1克纯镭，她将这1克镭捐献给法国，用于治疗癌症。1911年，居里夫人获得诺贝尔化学奖。

就这样，居里夫人以坚强的意志，克服了许多让常人难以想象的困难，坚持物理研究几十年，终于发现了放射性元素镭和钋，成为世界最伟大的科学家之一。

生活的困难并没有打垮居里夫人，而是让她在不断的磨炼中越发勇敢。多一份磨砺，就多一份强大，居里夫人就是一位在困境中成功的典范，也是我们每一个人学习的楷模。不要怕困难，也不要怕吃苦，时刻牢记：吃得苦中苦，方为人上人。

一个年轻人毕业后被分配到一个海上油田钻井队。在海上工作的第一天，领班要求他在限定的时间内登上几十米高的钻井架，把一个包装好的漂亮盒子送到最顶层的主管手里。年轻人拿着盒子快步登上高高的狭窄的舷梯。当他气喘吁吁、满头是汗地爬上顶层，把盒子交给主管时，主管只在上面签下自己的名字，就让他送回去。他又快速跑下舷梯，把盒子交给领班，领班也同样在上面签下了自己的名字，让他再送给主管。

他看了看领班，犹豫了一下，又转身爬上舷梯。当他第二次登上顶层把盒子交给主管时，已浑身是汗、两腿发颤，主管却和上次一样，在盒子上签上名字，让他把盒子再送回去。他擦擦脸上的汗水，转身走向舷梯，把盒子送下来，领班签完字，让他再送上去。

这时他有些愤怒了，他看看领班平静的脸，尽力忍着不发作，又拿起盒子艰难地一个台阶一个台阶地往上爬。当他上到最顶层时，浑身上下都湿透了，他第三次把盒子递给主管，主管盯着他，傲慢地说："把盒子打开。"他撕开外面的包装纸，打开盒子，里面是两个玻璃罐，一罐咖啡，一罐咖啡伴侣。他愤怒地抬起头，双眼喷着怒火，射向主管。

主管又对他说："把咖啡冲上。"年轻人再也无法忍受了，"叭"的一下把盒子扔在地上："我不干了！"说完，他看着地上的盒子，感到心里痛快了许多，刚才的愤怒全释放了出来。

这时，这位主管站起身来，直视他说："刚才让你做的这些，叫作极限承受训练，因为我们在海上作业，随时会遇到危险，这就要求队员一定要有极强的承受力，只有承受各种危险的考验，才能完成海上作业任务。前面3次你都通过了，可惜，只差最后一点点，你没有喝到自己冲的甜咖啡。现在，你可以走了。"

年轻人懊悔地离开了，但是他从这件事上吸取了教训，立志一定要做一番事业。经过几年的艰苦拼搏后，他成了一名油田钻井队的队长。

伟大的思想家孟子曾说："天将降大任于斯人也，必先苦其心志，劳其筋骨，饿其体肤，空乏其身。"个人要想有所作为，一定要经过一番艰苦的磨炼。磨炼自己，需要耐得住寂寞和孤独。所以，我们在人生中，要用积极的心态去经历磨炼，因为我们是冠军。对于那些成功者来说，任何逆境，都会造就一粒等量大的、能克服任何困难的种子。

再坚持一秒，也许成功就在前方

人不可能一直处于不幸中，不管你生活得多么糟糕，一切困难都会过去的。尽管在生活当中，我们每个人都会遇到各种各样的挫折和不幸，有时不仅要承受一种磨难，甚至遭受厄运的时间可能长达几年、十几年，但是让人极度讨厌的厄运也有它的致命弱点，那就是它不会持久。所以说，只要你坚持与困难作斗争，不断地磨炼自己，你身边所有的坎坷都会过去，你内心所有的阴云都会烟消云散。

凯撒大帝是罗马共和国末期杰出的军事统帅和政治家。一次，他的军队在与敌人作战的过程中，出于种种原因，损失十分惨重，因此军中士气非常低落。

当天晚上，凯撒大帝为了此事焦虑万分，他苦苦思考失败的原因和将来应对敌人的策略，因此休息得很晚。然而，那晚他做了一个颇有意味的梦。在梦里，他遇见了一位智慧老人，智慧老人对他的情境十分了解，还给他讲了不少安慰的话，其中最关键的是一句至理名言。这句名言意义深刻，蕴含了人类克服所有困难的智慧。智慧老人告诉他，这句至理名言可以使任何一个人战胜任何困难，使他能面对挫折百折不挠，挽救败局，最终走出失败的困境。

得到名言，凯撒大帝十分高兴，可是他醒来之后，怎么也想不起那句至理名言。最终他只好招来所有的谋士，对他们讲述了一遍自己做的梦，希望他们能把那句至理名言想出来。另外，他还拿出自己的佩剑，对众谋士说："你们如果想出那句至理名言，就把它镌刻在我随身携带的这把剑上，我要用它来激励自己，征服整个世界。"

两天以后，几位谋士兴冲冲地给凯撒大帝送来佩剑，这时凯撒大帝看到，剑身已经刻上了一句勉励人战胜失败、走出逆境的名言："一切都会过去！"

"一切都会过去"——这句话蕴含了人类所有的智慧。在成功时，它提醒我们不要骄傲；在失败时，它提醒我们困境总会结束。幸福总会过去，因此请珍惜吧；苦闷总会过去，因此不必绝望。

一切都会过去的，人生是一个过程，而不是一个停留的状态，人生是不断前进的方向，不是一个停滞的终点。用平常心去生活，这才是人生的智慧。不管事情是好是坏，没有永恒不变的，相信一切都会过去的，只要我们足够地努力。

威玛·鲁道夫是个早产儿，在22个手足中排行20。小时候，她患了肺炎及猩红热。4岁时，她又得了小儿麻痹症，左脚因此而萎缩。医生以为她一辈子都无法行走了，但她的家人不愿放弃，他们每天轮流为她的腿按摩好几个小时。终于，在"铁鞋"———种治疗工具的协助下，她慢慢迈开了步伐。

11岁时，她终于可以不再使用她痛恨的铁鞋了。威玛把铁鞋扔得远远的，她终于得到了自由。

威玛热爱跑步，有时会逃课到附近的体育场上去跑步。有时，她跑得兴起，甚至会跑上一整天。不到一年，她就开始向附近的男孩子发出挑战，十之八九都是她占了上风。15岁——扔掉铁鞋4年之后，她应邀与著名的田纳西州立大学女子田径队一起受训。16岁时，她获得参加1956年奥运会的机会，并且获得铜牌。接着，她得到田纳西州立大学的体育奖学金，并开始接受艾德·谭波的培训。谭波是该校1960年奥运队教练，威玛在队中成为超级明星。正式比赛的前一天，她严重扭伤脚踝，但是仍然获得100米及200米两枚金牌，后来又在400米比赛中获得第三枚金牌。

生命不止，希望就不息。人生没有过不去的坎儿，心中充满希望，就能以坦然的心态看待挫折和打击，就能在困难中看到光明，在逆境中找到出路。当你困惑时，当你身处逆境时，要不停跟自己说：心存希望，现在的不幸终会过去；心存希望，我们心中的彼岸就能到达。

总之，人总是在遭遇一次重创之后，才会幡然醒悟，重新认识到自己的坚强和坚韧。所以，无论你正在遭遇什么磨难，都不要一味抱怨上苍是多么不公平，甚至从此一蹶不振。人生没有过不去的事，只有过不去的人。

第3章 一步一个脚印，今天的奋斗成就明天的历史

为什么没人理解我？为什么大家看不到我的努力？为什么只有我一直看不到希望？这些问题，我想很多年轻人都曾在心里问过自己。年轻人，努力是你的本分，现在还没有人看到，不被人理解，这都是正常的，因为，除了自己，在乎你的奋斗过程、关心你有多累的人少之又少，要想别人看重你、尊敬你，就必须拿出成绩。相信自己，只要坚持，你的努力一定会在未来开花。

梦想这条路，唯有努力才能帮你实现

不要总是羡慕别人头上的光环，只要我们努力起来，也可以为自己戴上只属于自己的王冠。真正的努力并不是毫无目的、好大喜功的，它必须有一个主要目标，在主要目标之下还需有次要目标。所有努力的着力点应放在那个主要目标上，如果你的努力是盲目的，或者只是一时的热血，那么注定不会有什么好的结果。

小柳是法律专业的大三学生，学期结束时和小暖被分到同一家律师事务所实习。半年实习结束后，小暖接到事务所邀请，成为正式员工，小柳则被刷了下来。虽然觉得委屈，但小柳并没放在心上，而是迅速加入了考研大军，但是，准备了一年，仍旧失败了。一天，她正在街上闲逛，偶遇了当时让她做助理的律师，律师看她很迷茫便邀她去喝杯咖啡。

“为什么是我呢？我明明也很努力，这对我不公平！”小柳想到了一年前的委屈，忍不住问道。

“当时你和小暖水平相当，我也很疑惑为什么没选你，后来小暖正式上班后，我才明白了老板的选择。虽然你很聪明，会按时完成我给你安排的工作，但是小柳，这并不是努力，你只是在完成分内的事。但是小暖就不同了，她知道自己专业知识不如你，所以每天都会早上班一个小时，提前到事务所温习当天要打的官司，而且，除了律师安排的工作，她还会积极地询问周围的人，不断提高自己，直到现在正式上班了，她依然如此，对了，前不久，小暖拿到律师执照，已经可以单独接业务了。”

直到听了这些对比，小柳才恍然大悟，原来自己并没有想象中努力，因此，就这样与可能改变人生的机会擦肩而过。

很多时候，我们看似很努力，但其实并不是这样的，努力不是做做样子，而是脚踏实地，踏踏实实做事，并且做好每一件事。你要相信量变是会引起质变的，就像故事中的小暖一样。和别人相比，我可能不是最好的，但是我可以通过努力，成为最好的自己。

年轻人，也许你觉得你的人生充满荆棘，也许你觉得你总是最倒霉的一个，也许你觉得这个社会太不公平，不给你实现抱负的机会……但是，哪怕是一小会儿，你有没有想过，这些消极的想法可能真的只是你自己的想法罢了。与其整天抱怨上天的不公，化短为长，从今天开始，从现在开始，踏踏实实地，努力起来，多做些对自己的成长有利的事，完成真正的人生跨越。

不努力的人生是不完整的，没有目标，整天浑浑噩噩地过日子，是不会拥有快乐的。趁着年轻，多努力、多奋斗，即使没有成功，你的人生和那些不努力的人相比也会有很大的不同。

脚踏实地，努力就会有收获

很多时候，我们所做的、正在经历的，在别人眼里可能都只是无用功，但是请不要放弃，要相信，终有一天，所有的努力都会开花。

有个男孩小时候一直对身边的植物特别感兴趣，常常在其他小孩嬉闹玩耍的时候，一个人在一旁研究身边的野花野草，有时候入迷了，到了晚上该回家吃饭了，还在那一动不动。在他年幼时，大家觉得他和其他调皮的孩子不一样，可以自己约束自己，不让父母操心，是很听话的孩子。到了上小学的时候，他回到爸爸妈妈身边上学，周围夸他的人没有了，反而是说他傻、不爱学习的人越来越多，尤其是同龄的孩子，见他整天只和植物玩，一点也不合群，常常取笑他一身泥土味、摆脱不了农村的影子。但是小男孩并不在意，仍旧整天与他心爱的植物打交道。到小学毕业的时候，他已经能光凭图片就说出8000多种植物的名字了，不仅如此，他还能准确说出许多植物的特点和分类。

时间一晃而过，转眼男孩高三了，然而，在这如此紧张的时期，男孩仍不忘自己喜爱的植物，因不能再像之前那样每天去野外，他就在花盆里种上植物摆在窗台上，时不时看看它们。高考分数出来后，为了父母的期待，男孩选了热门的电子专业，但他并没有放弃心爱的植物，而是利用课余时间选修了植物学。

功夫不负有心人，大四那年，植物学的一位老教授想带一位学生跟他一起作研究。教授除了点名专修植物学的学生中三位课业优秀的学生外，还让这位男孩一起参加考核。原来教授平时上课见他对植物如此喜欢，早就十分看好他了，所以最后选了这位男孩一起研究。因为和教授的研究成果上了学校专栏，男孩开始被大家关注，学校也破格录取他这个非本专业的学生留院当老师，他一下子成了所有毕业生羡慕的对象。

大家都羡慕成功的人，羡慕例中的小男孩、羡慕马云、羡慕俞敏洪、羡慕……但是大家羡慕的其实都只是这个结果，很少有人看到成功背后他们付出的艰辛与泪水。就像小男孩直到成功之前，周围的人始终不理解他为何对植物痴迷至此，甚至会觉得他很傻。

生活就是这样，人们宁愿去相信一夜成名、一夜暴富的传奇，也不愿相信量变的积累会发生质变。很多时候，自己对梦想的较真与执着，别人是看不到的，然而这并不代表你的这些努力与执着是不值得的，也许这个过程中太过黑暗和漫长，但你要相信，你的这些付出不会浪费，只要坚持，终有一天，这些努力会为自己带来最好的未来。

上天不会辜负每一朵努力盛开的花，也不会辜负正在努力的人。相信自己，就算现在的努力暂时看不到结果，也请不要迷茫，坚持下去，总有一天会收获丰盛的果实。

踏实肯干，一步步朝着你的梦想进发

人的一生总会遇到各种各样的困境或挫折，怎样跨过这些挫折走向成功，是我们每个人在成长路上不得不面临的问题。那么怎样做才是对自己好的呢？我想，唯有认真，才是解决这个问题最基本的方法。

所谓认真，包括生活态度认真、工作认真、做事一丝不苟等，这些看似简单的事，却常被大多数自认为聪明的人忽略了，所以很多聪明的人也经常被困境和挫折打败。认真对待生活中的每一个人、每一件小事，并坚持下去，你的世界会发生很大的改变。

小肖大学毕业后，辗转来到一家大报刊底下新创的经济报当采访记者。

因为没有任何经验，小肖常常在采访的时候抓不住重点，自然得来的新闻也就没有任何价值，她也为此感到痛苦不堪。而当时他们最大的竞争对手《××经济报》是当地一家已经创刊15年的老牌杂志社，有时被访问者只要三言两语，记者便已了然于心，写出来的新闻稿水平也很高。

面对这种困境，小肖想了一个当时大家都认为很笨的方法——每天认真阅读《××经济报》，从第一个字到最后一个字，不只是新闻，还包括所有广告的内容。

这当然是一件十分无趣且让人头痛的事情，开始第一周，光是报纸上大量的人名、企业名、产业名和各种数字、专业知识、专有名词……就已经让小肖开始抓瞎了，不过既然开始了，她就从没想过放弃。

她想，一遍看不懂，那就看两遍、看三遍，加上翻阅资料，自己总能把它们啃透背熟的。

这个方法虽然看起来很笨，但是效果不错，3个月不到，小肖已经对当地的大小企业和产业链了如指掌，对当地正在发生的经济议题也有了十分清楚的认识。等到再出新刊时，小肖对经济的基本知识、动态、来龙去脉的了解，已经和竞争对手《××经济报》的老记者们不相上下。就这样，小肖用她的认真，完成了从新记者到老记者的跨越。

不管是怎样的人生际遇，都要相信这是老天给自己的最好安排，认真对待生活中遇到的点点滴滴，就像故事中的小肖，认真努力过后，你会相信有时候一个人的认真真的能让世界如临大敌。

现在的年轻人太过浮躁，想要一夜成名、一夜暴富的人更是不计其数，而他们做起事来却没有应有的态度，还没认真努力过，就开始抱怨社会不公平、老板没有眼光。我们都羡慕成功的人，但其实只是羡慕结果，却忽略了他们认真努力的过程。

比你成功的人却比你还要认真、努力，这大概是大多数不愿奋斗的年轻人的现状吧。

要想成功，那就从现在开始改变这个现状，认真起来，认真生活、认真工作，将认真渗透到你生活的点点滴滴，坚持下去，你的认真会帮你打败任何困境和挫折。

年轻朋友，切记做事不要三心二意、半途而废，因为那样的人生是没有意义的。认真完成每一件你认为值得的事情，日积月累，会有很惊人的效果。

点燃你的激情，让“不可能”变成“可能”

生活中，有很多正在浑浑噩噩过日子的人，他们认为自己没有本事，所以索性安于现状、不思进取。但有时候，我们应该多逼一逼自己，给自己危机感，这样才能激发自己的潜能，唤醒我们内心深处隐藏已久的激情，实现最大的人生价值。

大部分平庸的人之所以平庸，并不是因为自身能力不够，而是因为他们安于现状，不愿努力一把，把自己的潜能激发出来，所以在碌碌无为、一成不变的生活中埋没了自己。人生在世，有许多事，只要你想做，其实都是能做到的，只要你能克服困难，挖掘自己的潜能，爆发小宇宙。

王军从小就十分喜欢跑步，初中时，体育老师见他十分有潜力，便推荐他到校体育队成了一名体育特长生，每天跟着教练练习长跑。初二下学期，王军如愿摘得了那年中学生田径比赛的8000米冠军，他一下子成了学校小有名气的明星。初三毕业的时候，他更是以专业第一的成绩，考上了当地著名的体育院校。

原本以为日子会一直这样一帆风顺的王军却在大二那年遭受到了致命的打击，一场突如其来的车祸让他在床在休养了一个月之后，被医生宣告再也不能回到赛道上了，并且今后必须与轮椅相伴。王军觉得天突然塌了，每天都闷闷不乐。一天，妈妈推着他去小区散步，因为忘了拿东西，所以让他一个人先待一会儿，自己返回了楼上。意外就在这时降临了，三个蒙着面的歹徒见他行动不便，便想抢他手里拿着的包。王军极力反抗，不料歹徒被惹怒，不止抢走钱包，临走时还拿打火机点了王某的轮椅，眼见着火越烧越大，王军忘了自己是残疾，只想尽快逃离这里，他站起来，拼命往前跑，直到一口气跑到了小区外面，顺利获救，这时，他才发现自己已经可以走路了。

虽然连他的主治医生都说这是奇迹，但不得不说，危急关头，人的潜力真的是无穷的。虽然王军现在不能再回到赛道上，但是他重拾信心，回到母校，已经成了一位出色的长跑教练。

只要我们将身上的潜能发挥出来，我们也能像王军这样，在人生的转弯处获得转机，柳暗花明。无论别人对我们的评价如何，不管我们面临的事情有多么艰巨，只要我们相信自己，相信潜能，我们就一定能有所成。

每个人身上都蕴藏着自己无法想象的能量，这种能量就像一个熟睡的巨人，正在等待我们去唤醒，这个巨人就是我们通常所说的“潜能”。假如我们积极去唤醒它，让它像原子反应堆里的原子反应那样爆发出来，就会使我们的人生无所不能。

激发潜能必须做到的事：第一，正确归因。其实也就是当自己失败时找到真正的原因，而不是一味地觉得自己的能力不行，否则，长期下去，人形成一种惯性，就很容易忽略自己潜在的能力了。第二，打破旧习惯。只有打破惯有的思维，人才能从固定的思考方式里跳脱出来，把无限潜能激发出来，永远保持积极活跃的状态，而不是碌碌无为，平庸地过一辈子。

你才是自己的救世主

我们在社会上生活，有成功就会有失败，遇到一点点挫折就想要放弃，那是对自己人生不负责任的表现。美国著名篮球运动员迈克尔·乔丹也曾在接受采访时说："我可以接受失败，但我不能接受放弃！"可见，失败并不可怕，可怕的是被失败打倒，然后放弃继续努力。

人生就像是一条波涛汹涌的大河，我们都是河里面的水手，但并非所有的水手都能在惊涛骇浪中一帆风顺直达对岸。但是，知道前面有荆棘、有坎坷，我们就可以提前宣布放弃吗？不，不是这样的，与其害怕退缩，不如坦然面对。人生漫漫，不经历失败、不遭受打击，怎么能感受成功的喜悦呢？

有个年轻人觉得生活没有奔头，不管什么事，他好像都很倒霉，最近就连工作都没有了，于是干脆自暴自弃，过着得过且过的日子。一个朋友实在不想见他这样，便带他去看舞台剧。他们提前半小时到达，此时，屏幕上播放的是舞蹈演员的视频。原来今天的舞团的领舞之前是一名舞蹈演员，二十几岁的时候出过很严重的车祸，不得不把大腿以下坏死的部分锯掉。当时他心灰意冷，觉得自己就要变成废物了，家人不愿看他就此堕落下去，便给他在残疾人舞蹈团找了份工作。因为不适应义肢，他不再敢跳舞，只是在舞蹈团里做些杂活儿。后来他被舞团里面的成员感染，他内心的舞蹈细胞被重新激发。他想，大家可以不抛弃、不放弃，重新站起来，为什么我不能呢？于是，他开始跟着团长刻苦练习，终于再次站在了舞台上，而且这次是领舞的位置。年轻人看完，内心很受震动，忽然明白朋友的用意。舞蹈演员被迫锯掉双腿，仍能不放弃自己的梦想，勇敢地追梦，自己年纪轻轻，只不过是丢了一份工作，为什么要放弃呢？

从那天以后，年轻人开始振作起来，拿起之前丢掉的课本，白天工作，晚上花3小时上夜校，一年之后，拿到了IT工程师的执照，成了一名大家称羡的工程师。

年轻人身上有很多人的影子，尤其是现在社会竞争压力大，而人们的抗压能力反而越来越弱了。很多怀着美好憧憬和伟大抱负的毕业生，刚进社会就被现实的残酷打击得站不起来，只想放弃。压力、挫折、失败，这是每个人人生都必经的，人生漫漫，我们不可能一帆风顺地走过，既然是这样，我们为什么不振作起来，拾起信心，再加加油，让人生过得更精彩些呢？

失败并不可怕，因为人人都会经历失败，失败是成功之母，可怕的是被失败打倒，从此一蹶不振放弃人生。放弃是这个世界上最容易做到的事情，但也是最不负责任的表现，尤其是年轻人，我们刚进社会，年轻就是我们的本钱，受点打击，经历点挫折并不是什么大不了的事情。只要你坚持下去，不放弃自己，总有一天，你能打造一片属于自己的天空。

别人对自己的意见重要吗？很重要，但是最重要的还是自己对自己的看法。失败并不可怕，被这个世界抛弃也不可怕，可怕的是你自己不再相信自己，选择放弃自己。一个人要是连自己都想放弃了，那别人再怎么想救他也是使不上劲的。

聪明的人会看得远

经常会听到有年轻人抱怨：都工作5年了，为什么我还只是底层的员工？刚听到的时候，大概都会跟着义愤填膺一下，因为5年时间不算短，在这个浮躁的社会，能在一个地方坚持5年实属难得，怎么会得不到晋升的机会呢？

易大千大学毕业后，就进了一家证券公司做咨询。对工作，他无疑是十分积极和努力的。只要有客人来，他都是微笑迎接、积极解答，十分热心，深受顾客好评。他与同事相处得也很融洽，他很幽默，同事都很喜欢他。

但是，只要一下班，出了办公室，大千就会像一只泄了气的皮球，没有一点精神。每次下班回家的路上，不管是打车还是走路，他都像是行尸走肉一样，对什么都提不起兴趣，遇到认识的人，也没有精神打招呼。回到家也是，一回家便坐在电脑前，虽然是打发时间，却不知道做什么，就这样一天天地混时间。日子久了，他觉得自己的生活就像一部定时的闹钟，每天过着按部就班的生活，没有激情，也没有方向。

“难道我的人生就这样了？”这是大千最常在心里问自己的问题。

故事里的大千的身上有很多现在年轻人的影子，日复一日，过着勤恳的日子，却始终没什么进步。大家为什么会这样呢？归根结底，还是因为他们的眼光太短浅，没有长远的目标。所以过日子就是混日子，时间长了，激情也被磨灭了。

俗话说，精明的人看得懂，聪明的人看得远。如果我们的目标仅仅是眼前的薪水，满足的仅仅是手头的工作，而不想着提升自己，确定更长远的目标，那我们又怎么会有进步，我们的生活又怎么会有变化呢?

村里有一条供全村人饮水的小溪，小溪的两边是两座相邻的山，两座山上都有一座寺庙。每天寺庙里的和尚都会下山，到溪边打水回去用。时间长了，两个和尚碰到的次数越来越多，两人渐渐成了无话不谈的好朋友。

就这样，距离他们第一次下山打水已经过了5年了。这天，左边山上的和尚照旧下山去打水，却没看见右边山上的和尚，他想，我这个老友一定是有什么急事，便没在意。

第二天，那个和尚还是没下山。

第三天、第四天……已经一周了，左边山上的和尚仍没见到右边山上的和尚，他开始担心了：我这老友不会是病倒了吧？于是，他放下水桶，去对面山上看望他的老友。但是，到了庙里，他大吃一惊，原来他的老友正精神抖擞地在院子里打太极拳呢，一点儿也不像一周没水喝的人。

他很不解，便上前询问老友："我都一周没见你下去打过水了，没有水，你这一周是怎么过的？"老友什么也没说，只是笑着让他跟自己去看看。于是他跟着老友来到了寺庙的后院，老友指着后院的一口井说："我这5年来，每天做完师父安排的功课，都会抽出时间挖这口井，有时快、有时慢，如今终于让我挖出井水，我以后再也不用下山去打水，我可以花更多的时间在我喜欢的太极拳上了。"

很多人过日子都是抱着一种"打工"的心态，也就是一直挑水，但是人的精力有限，时间长了，也就厌倦了、疲乏了，这也是很多人觉得人生不如意的原因。因为他们不懂得挖一口属于自己的井或者没办法坚持挖完属于自己的井。

年轻人，现在正是奋斗的大好时机，千万不能满足于现有的生活现状，年复一年重复着单调的工作方式，而应该努力找到自身的优势，尤其是业余时间的兴趣方向，它往往就是等待自己去挖掘的井源。这样不仅有水喝，而且喝得很悠闲。

只要你愿意，你就能改变自己

台湾女作家吴淡如曾说过这样一句话："改变我所能改变的，接受我所必须接受的，让自己活得充实，永远不要画地自限。"生活中，面对那些让自己不愉快的事情，这应该是最佳做法！例如，你改变不了环境，但是你可以改变自己浪费的习惯，为保护环境多尽一份力；你改变不了周围的人，但你可以改变自己的心态，更宽容一点，多包容和自己不一样的人……只有这样，你才不会被生活中的不愉快击垮，你的人生才会更精彩！

生活中有很多人总觉得改变自己很难，只想改变社会、改变周围的人，结果可想而知，他既不能改变社会，也无法左右别人，生活自然也不会有什么变化，于是牢骚和抱怨就成了家常便饭。其实这个世上最容易改变也是你唯一能改变的就是你自己，只有先改变自己，把自己的每一件事都做好，才能谈得上改变其他。

巴雷尼在很小的时候就因病成了残疾，妈妈见他这样，心痛得不行，但是，在面对他时，妈妈始终都在强忍着，从没有表现出来。因为妈妈知道巴雷尼现在需要的是鼓励和帮助他走出阴霾的妈妈，而不是一个流泪的妈妈！想通后，妈妈来到巴雷尼的病床边，握住巴雷尼的手说："孩子，妈妈相信你是一个坚强的小孩，也希望你能用自己的双腿，在人生道路上勇敢地走下去，亲爱的巴雷尼，你能答应妈妈的请求吗？"妈妈的话让巴雷尼深深地震撼了，他哇的一声扑在妈妈怀里，哭了。

从那天之后，笼罩在母子俩头上的乌云不见了，妈妈只要一有空就会陪巴雷尼练习走路、做体操。有一次，妈妈得了重感冒，身体特别虚弱，但是她想到自己是儿子的支柱，应该做儿子的榜样，不能就这样放弃，于是凭着坚定的意志，坚持完成了那几天的锻炼。累是必然的，但是妈妈很开心，因为，经过这段时间的锻炼，儿子脸上终于有了笑容，他不再埋怨那场疾病，而是积极改变自己，甚至比生病以前更乐观和自信了。

体育锻炼弥补了残疾给巴雷尼带来的不便，而母亲的言传身教更是让他感触很深，他终于扛住了命运的打击，并开始返校学习，他的成绩一直在班上名列前茅。最后，他以优异的成绩考上了维也纳大学医学院。大学毕业后，巴雷尼一直致力于耳科神经学的研究，并以此研究的优秀成果获得了诺贝尔生理学或医学奖。

再也站不起来，这对成年人来说都是不小的打击，更何况对于当时还是孩子的巴雷尼！幸运的是，他有个很坚强的母亲，一直鼓励他走出阴影，积极面对生活。所以我们看到失落的巴雷尼接受了命运的不公，并开始改变自己的现状。

生活就是这样，会发生很多让我们始料未及的事，它们有的是让我们惊喜的，有的是让我们失望的。不管是惊喜还是失望，它们都是生活对我们的馈赠，面对失望，我们可以不开心，却不能因此消极。

接受你必须接受的，改变你能改变的，这不仅是说说而已，而是应该实践在我们生活的每一处，只有这样你的生活才会充满阳光，你的人生才会更精彩！

面对问题，抱怨是最糟糕的解决方式，所以也是最不可取的。与其抱怨所受的苦，还不如坦然接受，然后积极改变，这才是解决问题的正确之道。

第4章 不惧失败，为梦想拼搏的日子格外精彩

人生在世，如果数十年如一日，难免觉得枯燥乏味，也觉得人生似乎被压缩得只剩下一天。其实，人生就像是一场旅途，最终美丽的风景总在途中，最深刻的记忆就是那些曾经让我们哭过、笑过的经历。人生一世，不断地在成长中变得成熟，不管命运赐予我们的是幸福还是痛苦，也不管我们面对的是快乐还是悲伤，只有拼过、痛过，才不枉人世间走这一遭。

年轻，就是资本

前文说过，年轻就是资本，就是我们勇往直前拼搏的理由。倘若人生总是止步不前，就会在犹豫不决中白白失去宝贵的生命，也会使得我们的青春变得黯淡无光。毫无疑问，每个人都希望得到他人的认可和肯定，因此，对于失败的恐惧心理，也就使得我们的人生变得畏缩怯懦。人的一生是非常短暂的，是朝着理想的目标奋斗，还是在胆怯中度过一生？等到回忆时，除了遗憾，就再也没有值得回味的经历，这岂不是对人生最大的嘲讽吗？

每一个人从呱呱坠地到逐渐成长，都经历了无数个第一次。第一次独立吃饭，第一次独自外出，第一次考试不及格，第一次摔跤，第一次遭遇失败，第一次谈恋爱，第一次创业失败……这无数个第一次，构成了我们人生成长的经历，也使我们的人生变得充实厚重。回想起这些第一次，假如没有足够的勇气，没有胆识和魄力，是很难圆满实现的。既然有第一次成功的喜悦，我们也就必然要面对第一次失败的痛苦和伤心。其实成功和失败总是相对的，有些失败能够给我们带来经验，能够帮助我们提升自我，所以，这些失败是值得钦佩的，也是具有积极意义的。从这个角度来说，年轻人理应勇敢，因为即使失败，也能帮助我们提升自己，获得精彩的人生。

任何情况下，失败都不会是最终的结局，当然，成功也是。人生是复杂的，不能简单地以成功或者失败定论，而要辩证地看待，就像对于很多人的评价一样，并非非好即坏，而是具有多重因素的衡量和判断。只要我们怀着一颗勇敢的心，早晚能够跨越失败的沟壑，让失败成为我们人生之中独特的风景。

在创业之初，著名的成功学大师卡耐基并非一帆风顺。当年，他在密苏里州举行了一个培训班，是专门针对成人开设的。后来他还不停地扩张，把这种培训班开设在很多大城市。为了一步到位，尽快获得成功，他不惜花费重金给自己的培训班做广告，又因为每个城市的培训班都需要大量工作人员，也要消耗很多办公用品，所以很快他就捉襟见肘了。经过一番仔细核算之后他才发现，自己辛辛苦苦很长时间，居然入不敷出，非但一分钱没有赚到，反而搭进去很多积蓄呢！为此，原本信心十足、兴致勃勃的卡耐基马上变得沮丧起来，他甚至没有兴趣再关心培训班的事情，每天只顾着郁郁寡欢，闷闷不乐，时间长了，他居然神情恍惚起来，也失去了人生奋斗的方向。

看到卡耐基的状态这么糟糕，他的老师约翰逊不由得着急起来。有一天，他见到卡耐基后，直截了当地说："如果失败不能使你更加认清自己，那么你就彻底失败了！"老师的话一语中的，拨开了卡耐基心中的迷雾。他幡然悔悟，开始努力地思考自身存在的问题，并且对于前段时间的工作进行了深刻的反思。最终，他改变了研究的方向，开始集中精力攻克关于人性的问题。又经过一段时间艰苦卓绝的努力，他终于开创出一套独特的成人教育方法，给无数困惑中的成年人带来了福音，也帮助他们摆脱了人生的困境和烦恼。卡耐基诸如《人性的弱点》《沟通的艺术》等作品，在世界范围内都得到人们的追捧，风靡全球。

卡耐基的人生经历，显然是非常具有说服力的，毕竟，作为成功学大师，卡耐基曾经帮助无数人拨开心中的迷雾，更加明确了自己的人生方向。其实，卡耐基也是一个普通的人，他在成长和发展的过程中同样会遇到很多困难，也曾经遭遇无数的困惑。和每个人一样，他也唯有进行深刻的自我反省，并且毫不迟疑地勇敢向前，才能走出困境，走到人生光明开阔的大道上。

失败并没有什么可怕的，它只是人生的常态，在一颗积极进取的心面前，它还是经验的累积和进步的阶梯。只有能够坦然面对失败的年轻人，才能更加清醒理智地反观人生，从而让自己充满信心地在人生的道路上走下去。

无论如何，给自己一个大大的微笑

常言道，困难像弹簧，你强它就弱，你弱它就强。面对人生的困难，我们只有表现出强大的力量，才能成功超越困难，走到人生的顺境之中。没有谁的人生会是一帆风顺的，每个人在生命的历程中或多或少都会遭遇困境，然而自然界中的万事万物都是此消彼长的，人生也同样如此。假如我们多一些积极乐观，我们面临的人生困境就会相应减少；相反，假如我们总是愁眉苦脸，那么，哪怕是明媚的阳光也会变得暗淡。因而聪明的人总是让自己表现出正能量，从而减少生命中的负能量，也使得自己的人生更加阳光灿烂。

面对人生的苦难，有的人选择悲伤地哭泣，最终陷入绝望的深渊无法自拔，人生也因此黯然失色。相反，有些人则会绽放出微笑，像清晨沾满露珠的鲜花一样明艳动人，朝着阳光的方向。对于这样的人，困难怎么会不停地纠缠呢！它只能灰溜溜地走开，让人生恢复阳光明媚。如果说这个世界上还有什么神奇的力量能够驱散命运的阴霾，那就是微笑。微笑就像阳光驱散乌云一样，能使人的坏运气消失得无影无踪。

苦难没有那么好心，它从来不会因为同情而照顾弱者，只会因为弱者的软弱而变本加厉。认清这一点之后，朋友们，你们还会向苦难低头吗？当然是绽放明艳的微笑，让自己在命运的旋涡中更加自信，更加勇敢，更加坚强。

1982年，肖家保出生于永州新田县的一个普通家庭。他从小命运波折，3岁时因为父母离异失去家庭的温暖，4岁时又因为被开水烫伤，导致左腿残疾。他从小就很自卑，更因为他人异样的眼光，深深地知道自己与他人的不同。由于家庭贫困，他虽然以优异的成绩考入中南大学，却不得不辍学打工。面对如此波折的人生，肖家保选择了坚强。

年仅19岁的他带着父亲仅有的积蓄——200元钱，踏上了去往长沙的火车。他懂得维修电子线路，因而虽然腿脚不便，他还是很快在一家手机维修店找到了工作。白天，他辛勤地工作，用笑脸迎接顾客的到来；晚上，他争分夺秒地学习，研究维修手机的各项技术。他暗暗下定决心：我要学一门手艺，将来能够经营自己的事业。2015年，肖家保终于成功地开了一家属于自己的手机维修店，从此开创了自己的人生。

尽管肖家保的店面不大，只有8平方米左右，但是因为他诚信经营，技术也很过硬，所以生意非常好。很多顾客慕名而来，专门找到他位于偏僻之处的小小门店，给予了他莫大的信任。后来，他更是通过网络把生意做到了全国各地，很多地方的顾客都把手机快递到他这里进行维修。就这样，日久天长，肖家保那个8平方米的小店，已经变成了现在180平方米的大店，他的人生随着店面的不断扩张，也在不停地蜕变着。因为事业上的成就，肖家保充分展示出自己的能力和人格魅力，最终他的爱情像事业一样获得了丰收，如今的他已经拥有了幸福的三口之家。这么多年来，不管遭遇多少坎坷，肖家保始终微笑以对。不得不说，肖家保用微笑赢得了属于自己的人生。

在面对人生的厄运时，假如肖家保始终郁郁寡欢，愁眉苦脸，那么他一定无法获得今日的成就。归根结底，命运会青睐那些积极乐观的人，尤其是面对困厄依然展现微笑的人。因为他们的内心必然充满着真善美，也值得得到最好的回馈。

在痛苦之中，我们挂在脸上的微笑就像是一粒希望的种子，只要希望在我们心中，人生就不会过于苦涩。面对人生的诸多磨难，我们唯有把痛苦转化成绽放在脸上的微笑之花，才能拥有面对人生最美好的妆容。

心向阳光，生命就会疯狂生长

从婴儿呱呱坠地开始，生命的年轮就开始不停歇地转动，即便我们梦想着青春永驻，年轮依然滚滚向前，时间如同逝水带走了我们的青春容颜。然而，尽管我们无法决定生理上的年龄，但是我们可以决定自己心理上的年龄。众所周知，心理年龄决定了我们的精神面貌，使我们哪怕容颜苍苍，也能展现出生命纯真美好的一面。因而除了需要尽量延缓生理衰老之外，我们更加需要注重提升自己的精神世界，从而使心理年龄永葆青春。现实生活中，我们经常看到七八十岁的老人精神矍铄，反而有些正值盛年的年轻人却丝毫没有精气神，总是萎靡不振，终日厌倦。之所以有这种现象，本质原因就是老人尽管生理年龄大，但是心理年龄很年轻；相反，年轻人尽管生理年龄小，但是心理年龄很苍老，也因此变得迟暮。

现代社会，生存压力越来越大，很多人都注重对身体的保养，却疏忽了心情也是需要养护的。看着那些天真烂漫的孩子，我们不由得扪心自问："为何赤子之心不再？"孩子们哪怕只是拥有一件简单的玩具，甚至在没有玩具的情况下，也能和小伙伴玩得不亦乐乎，他们的幸福与快乐让人羡慕。然而随着年龄渐渐增长，欲望越来越大，人们得到的更多，快乐反而锐减。究其原因，就是因为人心贪婪，使得生命更加负重，也变得沉重无比。很多人都觉得现实社会的烦恼是不可避免的，是生活成长的副产品，根本无法消除。其实，只要我们调整好自己的心态，让自己能够坦然面对人生的得失，也能够怀着赤子之心面对人生的重重磨难，那么终究还是可以重新找回幸福和快乐的。

作为一名销售员，周凯在现在的单位已经工作10年了。10年间，他身边的同事来来去去，已经换了好几拨人，唯有周凯一直坚定不移地做着这份工作，从未因为工作上的得失影响自己的心情。所以他不但工作做得好，生活也丝毫没有受到影响，并不像其他同事那样把工作的压力带到生活中去，最终不堪重负。

今年，周凯得到了提拔，成为销售部的总经理。对于这样的晋升，周凯并没有感到特别欣喜，他很清楚相应的职位必然要承担起相应的责任，他也因此感到肩上沉甸甸的。新官上任三把火，很快，周凯就让整个部门的风气焕然一新。尽管工作上有所成就，但是周凯与同事之间的关系变得紧张了，他不由得感到心力交瘁。经过一年多的努力之后，周凯获得了上司的认可和表扬，也得到了应得的回报。当其他同事问起他是如何保持良好的工作状态和销售业绩时，他笑着说："年轻的心才能拥有年轻的状态，心若年轻，生命也永葆年轻，工作的状态也永葆青春！"

在这个事例中，周凯之所以能够保持良好的工作状态，是因为他始终都有一颗年轻的心。很多长时间从事销售工作的人都会感到疲劳，因而也难以保持良好的工作状态，周凯则始终保持年轻的心态，因而无论是在生活中还是在工作中，都能够给予自己充足的动力。

当然，人生之中总会有很多事情使我们感到沉重，随着不断地成长和成熟，我们的心也会渐渐充满人生的负面情绪。在这种情况下，我们必须把负面情绪当成垃圾倾倒出去，才能始终让自己的心灵轻松，保持年轻的状态。就像电脑硬盘需要定期清理一样，我们的心也需要定期清理，才能保持轻松愉悦，才不会因为负担过重导致事倍功半。

走过的风景，都是人生中最宝贵的财富

很多人都在追寻幸福的滋味，却始终不知道幸福的真谛到底是什么。的确，人生之中永远都不会只是幸福，大多数情况下，正如月有阴晴圆缺，人生也有喜怒哀乐。也许有的人祈祷自己一生之中都只感受到幸福的滋味，殊不知，如果生命中只剩下幸福，也就无所谓幸福了。正如在丑的衬托之下美才更加绚烂夺目，也正是因为有了不幸，幸福才显得那么引人注目，才让人倍感欣慰。

其实，不管是不幸的还是幸福的经历，对于任何人而言都是宝贵的人生财富。记得有位名人说，痛苦使人深沉。的确如此，人生要想厚重，就必须经历痛苦的磨难。痛苦会使人在短时间内成熟起来，使人变得深刻。因而我们必须坦然接受人生的各种经历，让它们在时间的沉淀下成为人生中厚重的基础，也使我们的人生变得深刻凝重。

站在这个相亲的舞台上，小敏心中满是忐忑。和大多数女孩不同，她不是单身贵族，而是一个单亲妈妈。原本，她有过

短暂的婚姻，因为丈夫的出轨，她毅然决然地结束婚姻，一个人独自抚养女儿5年。现在女儿已经5岁了，面对活泼可爱的女儿，她既不想失去自己一生的幸福，也想要给女儿一个完整的家庭，所以才鼓起勇气走到这个舞台上。

看着身边的小姐妹一个个被牵走，她不由得心急起来，也开始质疑自己的决定。在这个时代里，像她这样的单亲妈妈真的能够找到属于自己的幸福吗？就在她的思想开始动摇之际，主持人告诉她：坚持下去，你一定能够找到梦想中的幸福！就这样，她继续固执地站在舞台上，只想有一天能够找到自己的意中人，也有一个人为她而来。如此又过去几个月，终于有一个优秀的中年男士专程为她而来。这位男士同样也有短暂婚史，不过没有孩子。为了打动她的心，男士真诚地说："我们都是结过婚的人，也一定知道如何才能让自己获得幸福。每一种经历都是人生宝贵的财富，相信懂得珍惜的我们一定不会再错过彼此。"如此真诚而又简单的两句话，让她不由得潸然泪下。她感动地把手伸给男人，说："希望我们能一生一世地走下去！"

对于有过婚姻的人而言，也许更能够懂得幸福的真谛，也知道让对方和自己获得幸福的方法。相比很多拿婚姻当儿戏的男孩女孩，这样的经历或许是让人难以忘怀的，也能够给人们的生活带来更多的深刻感悟。很多时候，幸福只是一种感受，与客观的物质条件并无关系，我们唯有哭过痛过，才更知道爱情的可贵，才更懂得珍惜婚姻。

活着，永远也不要因为曾经的经历而后悔，也许今天的你看待那段不堪回首的过去觉得难以面对，但是等到明天你就会因为那段经历更加懂得感恩和珍惜，也因此得到更多的幸福。凡事都应该辩证地看待，人生也是如此。有些经历也许给我们留下了不愉快的记忆，但同时也会给我们的人生带来帮助和提升。归根结底，我们都要摆正心态，这样才能正确对待这些人生经历。

无愧青春，要用奋斗来挥洒

生活中，常常听到有人说“年轻就是资本”，的确，年轻就是我们的资本，即便犯了错误，也有大把的时间去改正；即便错过了什么，也可以在未来的生命中肆意去追。然而，青春是一条弯弯曲曲的河流，要想汇入大海，必须经过弯弯绕绕，才能投入大海的怀抱。在真正抵达大海之前，没有任何一条河流知道自己会经历什么，因而只能义无反顾地勇往直前，也只能怀着美好的期盼畅想未来。

时光如逝，人生如同白驹过隙，我们的青春时光虽然漫长得足以供我们纵情挥霍，却又是那么短暂，短暂得转瞬即逝。

在如同热火般燃烧的青春岁月中，有的人茫茫然不知所措，有的人如同飞蛾扑火般燃烧自己，还有的人有理想、有规划、有实现的行动和勇气……无论怎样，青春就那么样地过去了，带着我们的梦想，也带着我们的激情。无数的青春时光在经历绚烂的绽放之后，就像烟花灰飞烟灭，也有的青春在燃烧之后会给我们的生命留下光和热。青春注定是神奇的，我们也唯有热烈地在青春时光里燃烧过，才能尽情尽兴地享受青春。

大学毕业之后，小梦和很多同学一样四处奔波着找工作。当然，她也和其他同学一样处处碰壁，喜欢的工作不能被录用，被录用的工作自己又不喜欢。在这样的情况下，足足半年了，小梦还是没有找到合适的工作，眼看着时间飞逝，她突然有了一个大胆的设想——自主创业。

原来，小梦大学时就曾在淘宝店兼职过，因而对淘宝店的开店流程和经营模式都很熟悉。为此，她马上向父母借了几万块钱作为开店的资本，接下来又去浙江义乌的小商品批发市场走了一圈。就这样，一个月之后，她的淘宝店开张了。此时，她的同学们还在各家公司最基层的岗位上奋斗呢，而她已经成了一个真正意义上的小老板。面对同学的质疑和担忧，小梦无怨无悔地说："青春就是用来燃烧的，我愿意付出自己的热情和动力，为我的青春做主！"

转眼之间，几年的时间过去了，今日的小梦早已成为几家淘宝连锁店的老板。在拥有更多的资金之后，她更是大胆地成立了加工厂，专门生产一些婴幼儿用的口水巾、三角巾等利润比较大的产品，最终居然形成了自己的品牌，在淘宝市场上占据了一席之地。

对于年轻的朋友而言，人生总是充满着无限的可能性。他们既没有家庭的拖累，又因为正值热情似火的年纪，所以不管是对于工作还是事业，都处于最佳时期。在这种情况下，假如白白浪费宝贵的青春时光，无疑是让人感到遗憾的，也会给人生留下缺憾。正确的做法是，趁着年轻，给自己的人生更多的机遇和可能，帮助自己的人生挖掘到第一桶金，或者沉淀人生的经验，为获得成功的人生奠定基础。

也许有人觉得，年轻人尽管都很想创业，但是因为缺乏资本，导致很多好的设想都付诸东流。其实年轻就是最大的资本，年轻人有足够的时间和勇气，也能够有更多的机会积累经验，至于金钱的资本无疑是最廉价的资本，当想法成熟时很容易就能得到家人的支持，所以反而不是创业的最大阻碍。朋友们，从现在开始就让我们努力积累人生的资本吧，唯有如此，我们才能用热血燃烧青春，用激情点燃生命！

第5章 积蓄力量，每个成功者都要熬过最难熬的时光

当我们在人生之中经历坎坷和挫折时，是放弃努力一味地等待灾难过去，还是成为风雨中奔跑的那个身影？平凡如你我，既没有显赫的家世背景，也没有有权有钱的爹妈，要想实现人生的梦想，让自己距离目标越来越近，就只能无畏地投入激烈的竞争，让自己的实力和能力在竞争之中得到增强，得以验证。这就是我们的责任和义务。就像一块璞玉要想成为美玉，必须经过无数次的精雕细刻和打磨一样，我们的人生同样是需要历练的。

你知道路在哪里，就无惧现在的寂寞时光

很多人在刚刚步入社会时，大多拥有自己的想法，给自己设计了诸多条成就大事的道路，然而没用多久，在压力及现实面前，他们高高地举起了双手，早早地屈服了。自己的理想只存留于幻想中，甚至越来越不被提及。

曾有人形象地把人比作一条船。在人生的海洋中，有的人像无舵船，他们幻想能漂到一个富裕繁荣的港湾。而现实证实这多数是一种幻想和奢望。面对风浪海潮的起伏变化，他们束手无策，只能随波逐流，幸运者能漂进某个避风港，不幸者可能触礁或搁浅。而那些成功者，他们花时间研究计划、确定目标和航向，他们坚持走属于自己的路，从此岸到彼岸，有计划地行进，勇敢地做自己心灵的舵手。

理查德这位哈佛大学毕业的高才生，最令人诧异的一点，就是他没有成为哪个大企业的骨干、某个科研项目的专家，而是成了一个出类拔萃的油漆匠。

说起理查德，不得不提起他的父亲。这位从墨西哥偷渡过来的老一辈非法移民就是凭着一手好油漆活儿，在洛杉矶站住

了脚。在一次大赦之后，这位老油漆匠拿到了绿卡，成了美国公民。

从小聪明又懂事的理查德经常在放学以后帮助爸爸干油漆活儿。几年下来，理查德的手艺大有长进不说，在有些方面还大有创新，连老爸都有点自叹不如。

理查德在校的学习成绩总是在全年级前三名，社区服务的记录也是全校最荣耀的，他还获得过全美中学生美术展油画铜奖，这使得他轻而易举地被哈佛大学录取了。

理查德在哈佛求学的过程中，成绩在班上总是名列前茅。但理查德每次给家里写信，都要为星期天没法摸摸油漆活儿而大发牢骚；或者就是盼着早点放假，回家摆弄油漆。4年时光很快过去了，理查德成绩优秀，但坚持不上研究院，而是在洛杉矶找到一份薪水很高而且非常体面的工作。

工作半年多，理查德的表现相当出色，但他心里总是不忘油漆活儿。有一次，公司的老板因为理查德工作优秀，就问他对公司有哪些看法，有些什么要求。理查德说，公司把有些部件拿到外面去刷油漆不仅成本很高，质量也不理想，如果公司成立油漆部，就会很好地解决这个问题。老板笑着说："这谈何容易？买设备倒是小事，招聘优秀的油漆技师可不是一件容易的事情。"理查德说："用不着招了，你面前就有一个。"于是，理查德把自己的经历同老板说了个明白，还把招一些年轻人由他亲自培训的构想和老板进行了沟通。老板当即决定成立油漆部，由理查德任经理兼技师。

理查德兴冲冲地告诉老爸自己提升了。当老爸知道儿子任油漆部经理时，半天没说出话来。虽然家里人一再规劝理查德三思而后行，但理查德坚持走自己的路。经过几年的努力，这个油漆部的工作非常出色，白宫有些用品都指定在这里加工。

许多事例证明，别人给予你的意见和评价往往不是正确的。20世纪最伟大的科学家爱因斯坦4岁时才会说话，7岁才会认字。老师给他的评语是“反应迟钝，不合群，满脑袋不切实际的幻想”。享誉世界的音乐家贝多芬学拉小提琴时，技术并不高明，他宁可拉他自己作的曲子，也不肯作技巧的改善，他的老师说他绝不是个当作曲家的料。大文豪托尔斯泰读大学时因成绩太差而被劝退学。老师认为他“既没读书的头脑，又缺乏学习的兴趣”。如果以上诸位成功人士不是走自己的路，而是被别人的评论所左右，那他们就不会取得举世瞩目的成就。

几十年前，一个住在犹他州首府盐湖城的年轻人做了一件反常的事，令认识他的人大跌眼镜。在这之前，他因为工作勤勉努力、生活节俭有规律而被所有朋友称道。

他做了什么呢？原来，他从银行中取出他的全部积蓄买了一部新车。这还不是最“愚蠢”的——当他把新车开回家后，就在车库里动手拆卸汽车，车库里摆满了零零散散的汽车零件。他仔细检查了每个零件，然后又把汽车装好，这个行为重复了许多遍。人们对此感到大惑不解，嘲笑他是不是“疯了”。

几年后，那些嘲笑过这位年轻人的人不得不承认他们错了，而这位年轻人具有深远的见识。他开始制造汽车了。他的产品领导了整个汽车工业，他还在汽车这个领域作了许多有价值的改进和革新，他成功了。这个当年反复拆装汽车的年轻人名叫沃尔特·珀西·克莱斯勒。

很多特立独行的成功者在走自己道路的过程中，总会听到别人不同的意见，但他们对自己的信念始终坚定不移。当别人对你的行为抱有怀疑甚至是反对的态度时，坚持自我的意见，才能有更大的突破。

人活着并不是因为千篇一律而有所价值，那些伟人都是拥有自己独特的思想，并坚持自己人生方向的人。如果你对自己选择的路不迷茫，持续努力，那未来一定会有所收获。

你不必过于在意别人的看法。用心思考，你会发现，几乎每一个成功的故事都源于一个伟大的想法，而故事的主人公无一例外地会遇到怀疑和困境。他们的过人之处就在于能够使这些杂音在头脑中沉寂下来，让自己静静地倾听真正的声音。他们的“疯狂”并非真的盲目，其中蕴含着目的，蕴含着方法。

不忘初心，方得始终

每个现代人都承受着巨大的压力，也面临着各种各样的诱惑。我们对于生活的期望太多，却在努力的过程中渐渐忘却了初心，乃至陷入无端的抱怨之中，由此进入恶性循环，最终忘却自己既定的目标，在生活的欲海中浮浮沉沉。不得不说，现代人虽然思想更加开放和活络，却没有了定力，总是很容易就改旗易帜，掉转船头，不知驶向何处。

有一点不容怀疑，那就是每个人的人生都不会一帆风顺。在面对人生的诸多苦难时，我们或者选择坚强以对，或者选择见风使舵，随机应变，顺势而为。总而言之，我们不能与命运针锋相对，而只能以巧劲改变命运，从而也使自己的人生更加顺遂。然而，在一次次的妥协和退让中，我们渐渐习惯了软弱。人们常说，一个人不应该放弃梦想，不管年纪几何。现在我们也要说，一个人不能忘却初心，不管遭遇多少艰难坎坷。也许有的时候退一步的确能够海阔天空，但是，更多的时候，我们唯有坚强地面对，才能更加清楚自己的内心，才能真正地明白，到底什么是值得保留的，什么又是应该放弃的。

当然，妥协也无可厚非，有的时候我们仰首是春、俯首是秋。但是，即便我们偶尔向命运低头，也应该牢记自己的本心，不要因为一时的妥协就忘记远方风雨兼程的目标。曾经我们以为得到了很多，殊不知那一切都是命运冥冥之中的安排，得到有的时候恰恰意味着更多的舍弃。因此，我们必须牢记一个道理：人生不是用来妥协的，我们越是退缩，就越容易形成退缩的习惯。生活也不是用来将就的，当我们昂首挺胸时，反而能够得到命运意外的馈赠。虽然我们不能总是自视甚高，但是也不能总是卑微到尘埃里，幸福既有着人间的烟火气息，也有着超然于物外的清高孤傲。尤其是当退让与尊严息息相关时，我们更应该勇敢地昂首挺胸，在人生中大步向前。或者是某些事情的处理关系到原则，那么我们必须坚守自己的底线，千万不能轻易退让。

很久很久以前，有一位生活贫苦的牧羊人，依靠为有钱人放牧羊群为生。有一天，牧羊人带着两个年幼的儿子一起去放羊，他们来到了向阳的山坡上。当时，牧羊人和两个儿子并排躺在山坡上，看着大雁越飞越远。小儿子问爸爸："爸爸，大雁要去哪里？"牧羊人和颜悦色地告诉儿子："天冷了，大雁为了躲避寒冬，要飞去遥远的南方，那里温暖如春。"这时，大儿子羡慕地说："假如我也能生出一对翅膀，和大雁一样想去哪里就飞到哪里，那该多好啊！"小儿子也兴致盎然地喊起来："我也要有翅膀，我也要当大雁！"这时，牧羊人笑着对儿子们说："其实人类也是有翅膀的，只要想飞，你们有一天肯定也能飞到天空中。"

两个儿子从草地上爬起来，站在阳光下挥舞着胳膊，跃跃欲试。然而，他们不能飞。牧羊人看着儿子们失望的眼神，说："让我试试吧，我应该能飞起来。"说完，牧羊人张开双臂努力上下挥舞，最终也以失败告终。但是，牧羊人坚定不移地告诉儿子们："我太老了，翅膀无力了，你们还小，只要你们继续努力，将来一定能够飞到任何地方。"两个儿子牢牢记住了父亲说的话，从此之后，他们始终牢记着飞天的梦想。直到有一天，哥哥36岁，弟弟32岁，他们终于发明了飞机，如愿以偿地飞到了天空中。他们，就是莱特兄弟。

在这个事例中，牧羊人虽然贫穷，但是精神上非常富足，面对孩子们的飞天梦想，他没有当即否定，而是小心翼翼地把这个梦想栽种到孩子们的心目中，让孩子们从小到大始终牢记着这个梦想，一刻也未曾忘却初心。正是因为这样的坚定执着，莱特兄弟才能在长大成人之后完成心愿，也令整个人类飞天梦想的实现跨出实质性的一大步。

每个人都行走在通往梦想的路上，有些人之所以实现了梦想，是因为他们从未忘却初心，始终牢记着梦想，一刻也不曾放弃对梦想的努力。有些人之所以在实现梦想的道路上渐渐偏离，渐行渐远，就是因为他们遗忘了初心。朋友们，不管我们走在哪里，也不管我们选择了怎样的道路，梦想就在那里，等着我们去寻找和实现它们。既然如此，就让我们怀揣着梦想上路吧，只有不忘初心，我们才有可能创造属于自己的人生辉煌。

安于当下的安逸，就没有明天的幸福

古人云，由俭入奢易，由奢入俭难。同样的道理，一个习惯了安逸生活的人是很难拼尽全力去奋斗和拼搏的，因而我们每个人在应该拼搏的年纪都不要选择安逸，否则我们就会改变人生的轨迹，甚至因此而失去一生的幸福。有一点毋庸置疑，那就是每个人都喜欢安逸，都希望能够在安逸之中享受人生，遗憾的是，安逸不能帮助我们实现人生的辉煌，更不能帮助我们得到属于自己的成功和幸福。

人生就像是一场没有归途的旅行，虽然有预先设定好的路线，但是各种意外的情况层出不穷，频频发生，导致我们计划不如变化快。为了不给自己留下遗憾，我们应尽情地享受这场旅行，千万不要因为劳累而停下奔波忙碌的脚步。否则，我们非但不会距离目标越来越近，反而有可能导致事与愿违，距离目标越来越远。在这种情况下，我们如何能够获得长久的幸福呢？也曾有人说，生命是一场冒险，那么华丽，充满了无数的未知，简直就是探险家的乐园。虽然我们不是探险家，但是我们应该努力成为探险家，这样我们才能在幸福到来的时刻安然享受，于心无愧。毕竟，一个旅者如果始终都在第一站的驿站休息，又如何能够领略人生途中别样的风景呢！

现实生活中，有多少人一生之中碌碌无为，就是因为他们在苦难和挫折面前选择了放弃。一个真正的旅者，不会因为时而到来的风霜雨雪停下脚步，也不会因为脚底的泥泞就止步不前，他一定会非常勇敢地面对未知的旅程，甚至张开双臂迎接它们的到来。现实社会中，很多年轻人都选择了安逸的生活，这也是很多大学毕业生选择回到家乡过按部就班的生活的原因。然而，也有少部分年轻人选择了闯荡——并非他们不愿意享受幸福和安逸，而是因为他们深知，只有在最好的年纪不遗余力地拼搏，人生才会更加圆满，才能获得长久的幸福。不得不说，这样的年轻人是有远见的，他们站得更高、看得更远，也由此决定了人生的大格局。

大学毕业后，马波选择回到云南老家的县城工作，龚娜则选择去了遥远的北京。这一对青梅竹马的好伙伴就此分道扬镳，原本若隐若现的情谊也随着距离的拉伸而渐渐消失于心底。10年过去了，马波成为一名中年男性，过着最普通的日子，每天朝九晚五，按部就班，孩子也已经能打酱油了。在毕业10年的同学聚会上，当看到这个有些秃顶且大肚凸起的男人时，龚娜不由得感慨万千。曾经，她在心底里爱着这个男人，如今他已经老了。

龚娜呢，比十年前更显得富有青春活力。如今的她与10年前俨然不可同日而语，已经胜任公司大区总监的她虽然还没有结婚成家，但是，身边排长队的追求者，不是这个公司的高管，就是那个公司的老总，这些男人和马波当然不可相提并论。想到这里，龚娜有些惆怅，就像是看着自己曾经青春的梦如今已经老得像一个皱皱巴巴的核桃，她的心里酸酸涩涩的。在聚会进展过半时，龚娜终于忍不住问马波："难道你就没有想过改变一种方式生活吗？现在的生活其实更像是养老啊，有些为时过早了吧！"马波无奈地笑了，说："生活当然不能与你的相比，不过对于我们这些留在老家的人来说，生活还是很满足的，毕竟衣食无忧，也很安逸。"听了马波的话，龚娜觉得自己心底里的梦彻底破碎了，想了想又不免觉得释然："归根结底，每个人都有属于自己的人生。"

在应该拼搏的年纪选择了安逸，整个人生也就会像是退休人员一样，变得死气沉沉，毫无新鲜的感觉。大学毕业10年之后再聚首的龚娜和马波，俨然已经成为两个生活层次的人，一个正如奔驰的列车马力十足，一个则如同泄气的火车，已经进入平稳阶段，让人觉得无法提起任何兴致来。人生就是如此神奇，每个年龄都有每个年龄该干的事情，这是生命的自然规律，也是人生成功的秘诀之一。

年轻的朋友们，我们可以因为兴趣爱好从事一项工作，也可以因为一份野心挑战自己的极限，唯独不要为了安逸选择一份工作，否则这将会成为我们终生的囚笼，导致青春变得垂暮，导致阳光变成阴霾。即便我们因为家人的期望想要找一份安稳的工作，也应该兼顾自己的野心和人生。要想做到这一点，拥有长远的眼光必不可少。古人云“读万卷书，行万里路”，虽然我们短时间内无法做到这一点，但是我们可以通过各种各样的方式开阔自己的眼界，诸如多多读书，或者做一些有意义的事情，也可以走更远的路，勇攀生命的巅峰。总而言之，唯独不要在享受之中过分安逸，导致斗志全无、意兴阑珊，最终错失人生最值得珍惜的青春年华，也使得人生的列车误入歧途，影响一生的幸福大计。

做自己的主人，主宰自己的命运

没有人的人生永远一帆风顺，大多数人都要经历坎坷和挫折，甚至遭遇看似灭顶的灾难，才能在颤颤巍巍中让自己磨炼得意志如钢，才能让自己的人生变得更加坚韧不拔。因而在命运的无情捉弄面前，我们与其哭泣，与其抱怨，不如努力提升自己，让自己成为主宰一切的强者。唯有如此，我们才能迎来人生的涅槃。

毋庸置疑，这个世界上成功者凤毛麟角，尤其是那些让人瞩目的成功者，更是需要天时地利人和的造就才能获得成功。大多数人都很普通，他们看起来默默无闻，也没有过人之处，然而他们并非没有属于自己的成功。没错，成功其实也是极具个性的人生成果，千万不要拿那些名人的成功标准直接套用在自己身上，因为那根本不是属于你的成功。我们要寻求自己的成功，因为我们的人生是独一无二的，所以我们的成功也应该是独一无二的。很多人都知道东施效颦的故事，故事里的东施盲目模仿西施，最终贻笑大方。我们在成功之路上也要避免东施效颦，必须把握自己独特的命运，才能主宰人生的一切。这就要求我们不但要明智，要有主见，更要有极强的自制力和自控力。毋庸置疑，现代社会中的各种诱惑实在是无处不在、如影随形，让我们避之不及。举个最简单的例子，原本一个人的梦想是成为一名清正廉洁的官员，但是他在刚刚走上官员的岗位上之后，就因为禁受不住物质和金钱的诱惑收受贿赂，锒铛入狱。如此一来，他还如何实现自己的目标呢？不但金钱权势是诱惑，美色和名利也同样是诱惑，甚至包括美味可口的佳肴、华丽的服装等，都是让人无法抗拒的诱惑。由此可见，没有坚强的定力，根本无法行走于人生的江湖。

迪斯尼从小就是一个顽皮且机灵的男孩，他在文学和绘画方面表现出色，独具天赋。早在10岁之前，他就阅读了很多名著，且能理解其中蕴含的深意，他每次都能圆满完成老师布置的绘画作业，博得老师的赞赏。

有一次，老师安排孩子们回家之后画一幅花，迪斯尼居然别出心裁，把花朵画成人脸的模样，并且表情栩栩如生。他还把花朵的叶子画成人的手，整幅画看起来就像是人的手在托着一朵花，活灵活现。最后，他把花盆画成椅子，远远看去，这幅画就像是一群孩子坐在椅子上手舞足蹈，正在进行表演，让人一眼看去无法忘怀。不想，这样一幅美妙的作品却惹得老师非常生气，因为他觉得迪斯尼的作品完全不符合现实世界，因此他不仅当场粗暴地撕碎了迪斯尼的画，还呵斥迪斯尼以后不许这样胡作非为。

迪斯尼很委屈，回家之后把事情的原委告诉爸爸，爸爸告诉他："孩子，一个人如果不能主宰自己的命运，就会成为终生的奴隶。"小小的迪斯尼记住了父亲的话，坚持自己，没有改变。后来，他在服兵役期间不停地创造绘画作品投稿，但都如石沉大海。直到服兵役结束后进入广告公司工作，他的绘画才能依然得不到赏识，他甚至因此被辞退。

最终，处处碰壁的迪斯尼于1923年10月与哥哥一起成立了“迪斯尼兄弟公司”，并且度过了发展初期最艰难的时刻，最终以他们创造的米老鼠和唐老鸭而闻名世界。从此之后，这两个经典的动画形象为迪斯尼赢得了27项奥斯卡金像奖，这份殊荣举世无双。

倘若迪斯尼改变了，顺从老师的意愿让自己充满想象力和创造力的作品变得符合现实社会的标准，那么也许今天就没有米老鼠和唐老鸭以及众多经典迪斯尼卡通形象的诞生。小小的坚持，也许就会彻底改变我们人生的命运和轨迹，使我们变成人生的赢家。一味地委曲求全，跟随他人的态度和意见而改变，最终只会让我们迷失自己，也无法成就真正的自己。我们需要的不是他人的成功，而是属于我们自己的成功，这一点从未改变过，对于任何人都很适用。

做自己的主人，我们对于命运的把控也会变得更强。做自己的主人，我们才能主宰一切，不再随波浮沉。如果梦想着掌控世界，那么，就先从做自己的主人、主宰自己的命运开始吧！只要你坚持不懈，只要你不忘初心，只要你努力不放弃，一切都有可能实现！

心若浮萍，人生何处安放

这个时代处处充斥着浮躁，不但社会风气浮躁，每个人也变得越来越浮躁。我们已经没有时间看清晨的朝霞，也没有心情欣赏落日的余晖，我们整日忙忙碌碌，在这个熙熙攘攘的世界上奔波忙碌，唯独忘记问一问自己的心：我想要怎样的生活？迷失了本心的我们，带着一个浮躁的躯体，跟着世界的波浪起起伏伏，似乎已经变成了一叶扁舟，在漫无边际的大海上航行，却根本没有明确的航向。

随着生活节奏的加快、工作压力的增大，越来越多的人不知所踪，各种心理和生理问题也频繁发生。可以说，浮躁是一切心理疾病的根源，正是它使我们越来越远离幸福的生活，意志麻木，兴致索然。浮躁的人往往会失去主见，变得人云亦云，彻底失去自己的原则和观念。浮躁还使人们得意忘形，有一点点成就就变得自满，甚至忘记了自己姓甚名谁。由于浮躁衍生的焦虑，也深深影响着我们的生活，使我们在生活的各种失意中无处遁形。这就是浮躁的时代弊病，已经绝不仅仅是个例，而是普遍存在的现象。

作为职场新人，尤其是房产销售行业的新人，玛丽最近承受着巨大的工作压力，简直快要崩溃了。这段时间，玛丽正在跟进一个大客户，这个客户她从进入公司之初就开始跟进，但是一直以来都没有大的进展。眼看着玛丽还有半个月就要过试用期了，她不由得急躁起来，有一天在与客户沟通无果的情况下，居然气急败坏地说："我看你还是别买了，等到你考虑好了，房子早就没有了。"客户听到玛丽这句没好气的话，原本有些蠢蠢欲动的心瞬间也火冒三丈，他生气地说："你这个小丫头，我原本已经决定不管早买晚买都在你这里买了，没想到你之前的服务都是伪装出来的。你这样的人让人不敢恭维，我还是找个心口一致的人买房吧，你如此急功近利，我还担心我真的把钱交给你之后，你就不认识我了呢！"就这样，原本已经煮熟的鸭子飞了，玛丽懊悔不已。

销售工作首先是把自己推销给客户，然后客户才能放心地把钱交给我们，购买他们所需要的东西。尤其是房产是不动产，涉及金额巨大，客户就会更加谨慎小心，也会从侧面综合考察销售员的情况。只有当发自内心地信任销售员后，他们才会放心地交出自己的积蓄。玛丽的急功近利，恰恰让客户意识到她的一切耐心服务其实都是为了利益，如此一来，客户怎么还能继续信任她呢！

不管从事什么工作，也不管面对什么人、什么事情，我们都要戒除浮躁的心态。当我们心中云淡风轻时，整个世界也会瞬间安静下来，不再飞沙走石，荒草漫野。由此可见，浮躁作为一种情绪，也像是人生的一个噩梦，常常会让我们在失控之下说出失去理智的话或者做出失去理智的事情。当浮躁让我们变得心浮气躁时，不如沏一杯茶、赏一轮月，更加淡定一些吧！

日子再难熬，也别磨灭梦想

许多人都知道蝴蝶的蜕变过程：先是虫卵，然后等春天来了，出来了毛毛虫、菜青虫之类的虫子，这时基本上都是害虫，待它们生长一段时间以后成熟了，就开始吐丝结茧，过一段时间之后才会变成“翩翩起舞”的蝴蝶。在万花丛中，我们看蝴蝶，那美丽的翅膀抖动着，那亮丽的花纹在阳光的照射下更是熠熠生辉。可是，我们在赞叹蝴蝶美丽的同时，是否想到了它蜕变背后的艰辛呢？它们在最痛苦的时候，依然没有忘记蜕变这个志向。

蝴蝶的蜕变是需要代价的，它所承受的代价都是忍受痛苦：蜕变的苦痛、等待的焦躁、忐忑不安的心境。这些都是蝴蝶在蜕变之时所承受的苦痛，其实，人何尝不是一样呢？如果想要成功，必须经历一个煎熬的过程，就好像蝴蝶蜕变一样，刚开始可能你只是一个什么都不会的毛头小伙子，后来慢慢开始有了想法，开始去尝试，尝试之后是失败，失败了再尝试，在忍受了无数次失败的痛苦之后，你才能迎来成功，而在这个过程中，你需要忍受，坚持自己的志向。

听说，华人导演李安执导的《理智与感情》被列入“影史伟大的100部英国电影”榜单。回望李安的成功，就好像一次生活的蜕变，在这个过程中，他付出了巨大的代价。内敛和害羞的李安曾说：“我天性竞争性不强，碰到竞赛，我会退缩，跟我自己竞争没问题，要跟别人竞争，我很不自在，我没那个好胜心，这也是命，由不得我。”这个信命的男人，却以自己强韧的耐心完成一次生命华丽的蜕变，从一个普通的男人蜕变成了蜚声国际的大导演。

虽然，李安毕业时的作品《分界线》为他赢来了一些荣誉，但毕业之后，他没有找到一份与电影有关的工作，只得赋闲在家，靠妻子微薄的薪水度日。那段日子算是李安的蛰伏期，他为了缓解内心的愧疚，不仅每天在家里大量阅读、大量看片、埋头写剧本，而且包揽了所有的家务，负责买菜、做饭、带孩子，将家里收拾得干干净净。他偶尔也会帮人家拍拍片子、看看器材，做点剪辑处理、剧务之类的杂事，甚至有一次去纽约东村一栋很大的空屋子去帮人守夜看器材。在这段时间，他仔细研究了好莱坞电影的剧本结构和制作方式，试图将中国文化和美国文化有机地结合起来，创造一些全新的作品。

后来，李安回忆起这段日子的煎熬生活，依然十分痛苦：“我想我如果有日本男人的气节的话，早该切腹自杀了。”就这样，在拍摄第一部电影之前，他在家里当了6年的家庭主男，练就了一手好厨艺，就连丈母娘都夸奖：“你这么会烧菜，我来投资给你开馆子好不好？”蛰伏了一段时间之后，李安出山了，他开始执导自己的第一部电影《推手》。紧接着，他内心对电影艺术的狂热就好像终于等到了机会发泄出来，一部接着一部，部部片子都是经典，都为其成功奠定了扎实的基础。

就这样，李安完成了生命的华丽蜕变。

一个对电影怀抱着理想和希望的男子，却甘愿在家里做了6年的“煮夫”，这需要何等的耐心呢？在那段煎熬的日子里，他不断蛰伏着，就好像蝴蝶在蜕变之前所经历的一切环节，忍受着寂寞与孤独，忍受着枯燥和痛苦，却始终没有忘记自己的志向，总算等来了那一天。终于，他成功了。虽然，蜕变的代价是巨大的，但他已经忍受了过来，现在的他，只需要轻轻地努力就可以摘取成功的果实，生活对于他，也从来都是公平的。

帕格尼尼的人生是充满苦难的：在他4岁时，一场麻疹和强直性昏厥症，差点要了他的命；7岁时，他又患上了严重的肺炎，不得不进行放血治疗；46岁时，他的牙床突然长满脓疮，只好拔掉几乎所有的牙齿；牙病刚刚好，他又染了上可怕的眼疾，幼小的儿子成了他手中的拐杖；年过半百后，关节炎、肠胃炎等多种疾病又时刻吞噬着他的肌体；后来，他的声带也坏掉了，只能靠儿子按口型翻译他的思想；57岁时，口吐鲜血而亡；死后，尸体也备受折磨，先后搬迁了8次！

但是，面对人生中的这么多苦难，帕格尼尼并没有沉沦，他不仅用独特的指法弓法和充满魔力的旋律征服了整个世界，而且发展了指挥艺术，创作出《随想曲》《无穷动》《女妖舞》和6部小提琴协奏曲以及许多闻名世界的吉他演奏曲，可以说他是一位善于用苦难的琴弦将天才演奏到极致的奇人。

听到了帕格尼尼的悲苦演绎，李斯特大喊："天啊，在这4根琴弦中包含着多少苦难、痛苦和受到残害的挣扎着的生灵啊！"在追求事业的过程中，忍耐是不可避免的，但我们每个人都有自己的选择，有的人选择抱怨，有的人选择自暴自弃，有的人选择隐忍、奋进。很多时候，我们已经忘记了还有一种东西——耐心，当我们保持顽强的耐心时，再沉寂的时光也会使我们变得更坚定，成功也就是指日可待的事情了。

任何一次成功的背后，必定是百转千回的磨砺和痛苦，甚至是一次痛苦的蜕变，所以说，成功是需要耐心的，需要更顽强的耐心，哪怕处于再沉寂的时光中，也不要磨灭自己的志向。沉寂的时光磨不去坚定的志向，它只会成为我们努力奋发的见证者。甘受寂寞和孤独，我们才能迎来成功的曙光。

你就是你，做最真实的自己

王阳明说：“无事时固是独知，有事时亦是独知。”简而言之，一个人如果只在人们关注的地方用功，那就是虚伪的作假。不管在什么时候，人都应该保持本身，以真示人。对此，有人作过研究，实际上我们每个人都具备成为伟人的潜质，之所以没有成为伟人，是因为我们只用了10%的心智能力，而剩下的90%却一直不为我们所知。这其中最主要的原因就是人们不能保持自我，所以不能正确地认识自我，从而发挥自己的潜能。

一个总不得志的人，找到了智者，向智者诉说自己的遭遇和无奈。

智者沉思良久，舀起一瓢水，问：“这水是什么形状？”这人一摇头：“水哪有什么形状？”智者不语，只是将水倒入杯中，这人恍然：“我知道了，水的形状像杯子。”

智者无语，又把杯子里的水倒入旁边的花瓶，这人悟然：“我知道了，水的形状像花瓶。”

智者摇头，轻轻提起花瓶，把水倒入一盛满沙土的盆里，水一下子溶入了沙土，不见了。智者低身抓一把沙土，叹道："看，水就这么消逝了，这也是人的一生。"

这人陷入了沉思，良久说道："我知道了，你是通过水告诉我，社会处处就像一个个不规则的容器，人应该像水一样，盛进什么容器就是什么形状。"

"是这样，也不是这样。"智者微笑着说，"很多人都忘了一个词，滴水穿石。"

此人大悟："我明白了，人可能被装于规则的容器，但也能像这小小的水滴，改变着坚硬的石头，直至突破。为人处世要像水一样，能屈能伸，既要尽力适应环境，也要保持本色，活得自我。"

"真实的东西总会打动人，就像那些花吧，虽然它会凋零，可是我们还是喜欢它是真的。那些假花，即使再好看，我们一样不喜欢。"在经过磨砺以后，我们才逐渐懂得了这个道理，在纷繁复杂的社会现象背后，我们稍不注意，眼睛就欺骗了自己，许多的人和事出现在眼前，哪个是真，哪个是假，很难甄别。也许时间能够检验，假以时日，假象因为缺乏真实的基础而原形毕露，唯独有真实相伴。

在社会生活中，真与美之间是有区别和联系的。真，也就是一种客观事实，是事物的本质属性，是人们对于事物感知后一种理性的思考。美，是人们对于某种事物的客观感受在大脑中作出的一种反应，是一种感性的认识。美一般是建立在真和善之上的，也就是说，美一般是要符合真和善的。

车尔尼雪夫斯基认为，美是“生活”，就是说美在生活中是无处不在的，只是我们缺少发现美的眼睛罢了。美是建立在对社会物质生活了解基础之上的，它不是空中楼阁，是不可能建立在非物质基础之上的。所以，当人们对事物还不了解时也就无所谓美。

有一个农夫在田地里捡到一枚稀有的金币，因为年代久远，金币的外表看起来有些肮脏。邻人听说后纷纷跑来观看并争相购买农夫的那块金币，农夫表面不置可否，内心却在盘算着怎样才能让他们出价更高。

回到家里，农夫找来砂纸和打磨金币用的工具，他想，如果将金币外表的污物去掉，肯定能卖个好价钱。随着污物脱落的，还有一些极细小的金子的碎片。

终于，金币发出了耀眼的光芒。一位长者看后，把金币放在掌心托了托，然后轻轻摇了摇头，说，重量减轻了，价值也就随之降低了。

许多时候保持自我本色要比故意做作更能让人信赖，而这种信赖正是我们走向成功的基石。许多人都喜欢模仿名人，想让自己和大众不一样，他们希望自己能够跟上潮流，或是让自己散发出明星般的魅力。不过，这种模仿好像并没有给自己带来成功或是快乐，反而让自己感到焦虑、痛苦，而且这种焦虑、痛苦是和失败联系在一起的。

卡耐基认为，对成功和快乐的渴望是人们模仿别人的出发点，不过事实已经证明这是一种十分不明智的做法。任何一位因为模仿别人而苦恼的人，都应该相信这样一句话：做你自己，那是最快乐的，也是最好的。

保持自我是一件相当重要的事情。假如你做不到，那么你永远都不可能成为一个快乐的人，因为你总是活在别人的影子里。有心理学家说："保持自我这个问题几乎和人类的历史一样久远了，这是所有人的问题。"

其实，大多数精神、神经以及心理方面有问题的人，其潜在的致病原因往往都是不能保持自我。每个人都是这个世界上唯一的、崭新的自我，你确实应该为此感到高兴，因为没有人能够代替你。

我们应该把自己的天赋利用起来，因为所有的艺术归结起来都是一种自我的体现。你所唱的歌、跳的舞、画的画等，所有的都只能属于自己，而遗传基因、经验、环境等一切都造就了一个具备个性的自己。

崇尚简约，自在安乐

古人曰：“大道至简。”意思是，越是真理就越是简单的。我们一生中，总会有许多的追求、许多的憧憬，甚至会面临许多的诱惑。我们或追求真理，或追求刻骨铭心的爱情，或追求理想的生活，或追求金钱，或追求名誉地位，等等，但太多的欲求是否会让我们的生命难以承受呢？生命之舟若是太过繁重，生命就不再是一个蓬勃向上和快乐进取的过程，而会成为一个痛苦无奈的延续，而一个在痛苦中挣扎的生命，即便拥有的东西再多，也会暗淡无光。

其实，真正快乐的生活应该也是简单的，或者说，最简单的生活才是快乐的。当然，这种简单并不是贫乏或贫穷，而是繁华之后的一种追求，是一种去繁就简的境界。越简单越快乐，这确实是简单的真理。因为简单，我们的心很容易知足，哪怕是生活中一个细小的惊喜，也会让我们快乐不已，这时快乐已经不再那么奢侈，而是很容易就能获得的。

在宏村，有一位德高望重的老人，同时，他是一位医术精湛的老中医。他行医的宗旨是悬壶济世，解人疾苦。对于那些贫困的病人，他不仅免费医治，还给予精神安慰和金钱上的帮助。他在家乡行医半个多世纪，积蓄颇为丰厚，于是他就在家乡开办了一座济老院，收留那些晚年生活无依无靠的老人，这个济老院完全是慈善性质的。

虽然老人花了大笔的钱来办济老院，但他自己的生活坚持一切从简的原则。在宏村行走，他常年穿戴的都是旧而干净的布衣布帽布鞋，这些衣物的历史都在30年以上，宏村的人很少见到他添置新的衣帽。平时家里人置办新的衣服给他，他也不穿，而是将这些崭新的衣服送给那些缺穿的人。在饮食上，他更是主张粗茶淡饭，以素食为主。生活如此之简单，老人却生活得异常快乐，他闲来没事时就会去济老院陪那些老头老太太唠家常、叙往事。在老人70岁的时候，他在济老院的前后种植了大片的竹子，等到他101岁逝世时，竹子已经是郁郁葱葱、蔚然成林了。

后来，宏村的人为了纪念这位老人，专门在竹林前立碑，除了记述老人的生平事迹以外，还为这片竹林题下了“慈竹林”这三个大字。

简单的生活，首先应该有简单的心态。老中医舍得花大笔的钱来办济老院，做慈善事业，但并不意味着他在自己的生活中也是大手大脚，甚为讲究，相反，他自己的生活是一切从简，一点也不烦琐。恰恰是因为这样简单的心态，他更容易获得快乐，从而也获得了长寿。

美籍华裔数学家陈省身教授曾这样说道：“把奥妙变成常识，复杂变为简单，数学是一种奇妙有力、不可或缺的科学工具，人生也是一样，越是单纯的人，就越容易成功。简单既是思想，也是目的。人生是一种乐趣，一种创造。人生快乐，快乐人生，生活的动力就是不断寻找和发现乐趣。生命是否有意义，包括事业、家庭生活、健康长寿,等等，都和快乐有关。一个人一生中的时间是常数，应该集中精力做一些好事。”当交错复杂的生活变得简单后，你会发现快乐也是比较容易获得的生活，因为我们心中已经无欲无求，在这样的心境下，自然就容易变得快乐。

追究简单极致的生活，需要适当控制自己的欲望，这些欲求当然是物质生活和人际交往这方面；而对于精神的追求，反而会更多。因为一个在物质和世俗关系方面追求很少的人，才可能有更多的时间去追求精神世界的丰富多彩。当然，欲望是难以克制的，欲望本身也是有利有弊的。

有“度”的欲望是人生命的内在动力，是人们奋斗和追求事业成功的推动剂；但是，一旦超过了限度，人的欲望就好像一匹脱缰的野兽，最终会将一个人拖入无底的深渊。一个追求简单生活的人，他会心无旁骛，将那些引起自己烦恼的事物丢掉，不让它们干扰自己的身心和脚步。简单使人快乐，简单生活是快乐的绝世法宝。

圣人做学问追求一种“大道至简”的境界，人活一生更应如此。为什么人们会不厌其烦、孜孜不倦地去追求那些看似风光、实际上令人身心疲惫的“负担”呢？皆因内心少了一份简单，少了一种简单的人生态度。与其困在财富、地位与成就的壁垒中迷惘，不如尝试以一颗简单的心追求一种简单的生活。

第6章 尽早励志，然后朝着目标奋勇前进

刚踏入社会的年轻人，要想快速在这个充满诱惑与竞争的社会中找到自己的一席之地，而不被它淘汰，首先得找准自己的定位，确定奋斗的方向，这一点十分重要。没有目标的人就像一只无头苍蝇，虽然拼尽了全力，但依旧是茫然的、没有头绪的。其次，要为你的目标制订一个完美的计划。人只有脚踏实地，一步一个脚印，才能最终实现自己的目标。

眼光长远，现在就开始设计你的人生

欲望也就是内心对某些事物的渴望，再具象一点就是我们想要的东西。人活一世，有欲望无可厚非，但生命如舟，只有欲望与能力保持平衡，小舟才能稳稳地前进。有时候，我们拥有的东西越多，我们的心就越乱越复杂，我们的负荷就越沉重，我们的烦恼也会越多。这些诱惑我们的事物太纷繁复杂，往往会在无形中对我们造成妨碍与损害。

明白自己真正想要的东西是什么，并为之而奋斗，如此才不枉费这仅有一次的人生。要想让我们的人生有所获得，就不能任由自己受到太多的诱惑，不能让努力的方向过于分叉。而且，必须有一个长远的目标，一个人如果鼠目寸光，其前途成就也就有限。高瞻远瞩的人，才能成就千秋事业。

狐狸、山羊还有长颈鹿是好朋友，因为原来住的那片森林被人为烧毁了，它们只好离开了家园，不久之后它们逃到了一片大草原上。草原气候毕竟和森林还是有很大差别的，刚到这不久，它们三个便接连生了病。

“狐狸兄啊，你说我们花那么大的力气有什么用，到头来还不是得死在这茫茫的大草原上。”长颈鹿躺在地上，很伤感地说。

“对呀，我真怀念以前在森林里的日子，每天和老友们聊聊天，饿了就抓一只野鸡，光是想着都很美好！”狐狸接着感叹道。

“那已经是过去了，森林已经被烧没了，现在既然我们已经来了，就应该想想以后的路该怎么走，我们现在生的只是小病，并不碍事，所以，鹿兄、狐狸兄，还是好好想想今后的生活吧！”山羊很乐观，觉得能活下来就有未来。

春天正是草木繁盛的时候，山羊听草原上的其他动物说，这里一到秋天，就光秃秃的什么也没有了，便催促着狐狸和长颈鹿赶紧为过冬作准备。狐狸觉得不管多冷也会有田鼠出来吃饭，所以没把它的话放在心上，身体好了之后，每天过得十分逍遥。长颈鹿呢，则还沉浸在对以前生活的美好回忆中，嚼着这里的树叶时都能嚼着嚼着流出泪来，更别说考虑其他的了。

冬天到了，现实和狐狸想的完全不一样，因为有准备，没有一只田鼠出来觅食，狐狸就这样活活饿死了。长颈鹿更可怜，饿得实在受不了的它出去觅食时，还在半路就被猎人捕杀了。只有山羊靠着自己准备好的食物，住在自己做的温暖房子里，整个冬天都过得美美的。

其实长颈鹿、狐狸和山羊影射的正是这世界上最典型的三种人：第一种人——像长颈鹿一样，只会回忆过去，在回忆的过程中体验感伤；第二种人——像狐狸，永远活在自己的空想中，在空想的过程中不务实事；第三种人——像山羊一样，将现实与理想完美结合，高瞻远瞩，脚踏实地。只有将昨天、今天、明天的事情都打理妥当，才能走好生活之路。最好的生涯规划是把自己规划成：自觉自度，利他的人生；在生活中，要有净化的感情，要有善用的金钱，要有德化的处世。

有些人做事只图眼前利益，而不会为长远打算。眼前可以得到的利益总给人实实在在的感觉，短视的心理却常常使人们失去本来应该能够得到的美好事物。也许人们认为自己的行为更注重现实，而实际上是自己将未来的发展机遇白白浪费。沉湎于过去和未来就会迷失现在的一切，包括自己本身。只有让你的生活持续发展，为今后的旅程作好充分的准备，才能走得更远。

现在的很多年轻人都讨厌刻板的人生，觉得把时间浪费在对未来的规划上是一件很不值得的事情。这种对规划的理解本身就是错误的，规划人生其实是希望人能把眼光放得长远一点，不要只看眼前的利益，所以这种把规划理解为刻板、按计划过日子的观念其实本身就是一种目光短浅的表现。要知道，唯有立足长远的人，才能突破人性的“瓶颈”，活出智慧，活出成就，活出荣光！

心中有方向，行动才有目标

一个对人生不抱希望、生活没有努力方向的人，永远只能待在自己那一米见方的世界里。就算你努力了，因为没有方向，最终也只能是徒劳。可见，确定方向对一个人来说是多么地重要。只有选择正确的方向，人生才会充满希望和动力，你的努力才会收到立竿见影的效果。

有很多人，一辈子忙忙碌碌，不比别人清闲多少，却总是离成功很远，一个很重要的原因就是没有方向。人的精力是有限的，一个人如果一直把自己有限的精力放在无关紧要的事情上，不仅会浪费他的时间，还会在日积月累中慢慢消耗他的斗志。这样的人往往只会羡慕别人的成功，却无法看见自己失败的原因。

一年一度的森林大会正如火如荼地举办着，今天是大会的第三天，森林之王老虎把所有的小动物召集到自己的洞前，对它们说："各位大臣，我决定选一个助手协助我管理森林里的秩序，大家踊跃报名，我将选出最优秀的大臣担此重任。"

经过一番激烈的角逐，聪明的猴子、老实的山羊和勇猛的狮子进入最后一轮。最后一轮的任务是去森林的最北边找一种治疗伤口的草药。谁先回来，谁当选。

跑得最快的狮子听到任务后，很是不屑，认为自己跑得最快，只要一直往前跑，肯定能最快找到草药，于是率先出发了。但是令它万万没想到的是，它不仅没找到草药，反而越走越远，最后迷路了。

聪明的猴子也准备出发了，它先是爬上树枝向远方眺望了一会儿，然后找了个自认为是北面的方向，一会儿上树、一会儿奔跑，开心地跑远了。可是，直到天都黑了，猴子也没找到草药，而且又累又渴，只好停下来休息。

最不被看好的山羊并没有像它们那样赶路，白天的时候，它走得很慢，而且每走一段路就会留下一个记号。到了晚上，山羊顺利找到北极星，沿着北极星的方向，天还没亮就找到了草药，然后沿着自己做的记号，第一个回到了小动物们身边，成功当上了老虎的助手。

在这场比赛里，山羊比狮子和猴子都跑得慢，是最不占优势的，却赢得了最后的胜利，它成功的主要秘诀就是找准了方向，可见选对方向对成功很重要。

大多数人都喜欢着眼于眼前的利益，考虑问题时目光短浅，明知道努力的方向不对，却还是一根筋地往前冲，不只浪费了自己的时间和资源，还吃力不讨好，永远被成功拒之门外。成功的人之所以会成功，是因为他们都有一个共性，那就是有明确的目标和持之以恒的动力。他们无论做什么事情都是先明确目标之后再行动，所以做起事来有条有理、稳步向前。

不清楚自己的方向，而只是一味地向前冲，是不会有结果的。很多人占据着很好的资源，却在大好的年华因为没有方向而碌碌无为度过了一生，这是让人十分惋惜的事情。永远要记住，没有方向，努力就会被白费，方向比努力更重要。

只有明确自己的目标，奋斗的时候才会有动力，生活才会充满希望。方向既是努力的开始，也是一件事能否成功的保证。在做一件事之前，先确定方向，再朝着方向不断努力，做起事来才会事半功倍。

始终掌控自己的人生

人最大的弱点就是太在意别人对自己的看法，以至于做事情时考虑太多，反而将本来简简单单就能解决的事情复杂化了。一个人要想做自己，不让别人左右自己的人生，就必须坚持走自己的路，做自己的事，活出自己的精彩。

虽然常听人说“走自己的路，让别人说去吧”，但是真的能做到完全不顾虑外人看法的人少之又少。大多数人都会随着别人的看法或喜或悲，更何况这世上从来就不缺少那些站在道德的制高点、对别人的人生指指点点的人。所以，即使遇到了，也不必真的生气，因为你的愤怒只会让他们更加开心、更加兴奋而已。

杨玺大学毕业后，应聘到一家公司实习，没想到上班第一天他就遇到了一件让自己很尴尬的事情。中午午休时间，他去公司楼下的餐厅吃饭，找座位的时候，正好坐到了副总的旁边。在一个桌上吃饭，就算不是副总，也该打个招呼，而杨玺却开始犹豫了，本来和副总一桌大家就已经开始看着自己了，要是再凑上去说话，同事肯定会觉得自己是个马屁精。就这样，杨玺犹犹豫豫，直到副总吃完饭也没跟他打招呼。

过了几天，杨玺的组长带着他还有同组的一个同事陪副总一起和客户谈业务，吃饭的时候，杨玺几次想和副总说话，好缓解上次的尴尬。但是，看到副总正在和客户说话，他想，自己只是一个新员工，还是不要插话的好，万一说错了，岂不是更糟？所以，直到饭局结束，杨玺都没说什么话，一直沉浸在自己的胡思乱想中。

饭后送走客户，组长也有事先走了，只有杨玺和另一个同事陪副总回公司。路上，杨玺先是觉得同事在和副总谈工作上的事情，自己插嘴不好，所以一直保持沉默。走到中间，杨玺听到副总咳嗽了两声，他很想过去问候几句，但是“谄媚”“献殷勤”这些思想马上又紧紧缠住了他。正在他犹豫不决的时候，另一个同事已经问出口了：“最近身体不好吗？”副总答道：“老毛病了，一喝酒就会这样，但是我们工作就这样，没办法。”后来两人开始聊起家常，杨玺几次想参与到话题中去，但又觉得他们有交情，自己一个新来的，这样搞得自己像要巴结副总一样，所以一路沉默回到了公司。

一周后，副总召集大家开会，会中要他们说说对这次和客户合作的建议。想到自己是新人，说多错多，再加上前几次和副总尴尬的相处经历，杨玺变得更不知所措了，所以当副总问他有什么建议时，杨玺犹豫了半天，还是说没有任何建议。结果显而易见，杨玺被副总踢出了这次项目。

这样的故事、这样的人其实在我们生活中并不少见，大多数人都觉得这是他们性格不够圆滑、内心想法过多造成的。但事实并非都是如此，杨玺的犹豫不决、心态波动，其实都是因为他的思想被别人有形的、无形的想法给左右了。如同事的议论、与副总身份的差别等，这些都导致了他的犹豫不决，所以最后做出来的反而不是自己真正所想的了。

我们在社会中生活，很难避免陷入议论的旋涡，我们总是太过在意别人的想法，常常依赖别人的意见，很重要的一个原因就是不够自信，内心不够强大，所以个人的情绪就很容易随着别人的评价而波动。时间长了，就会失去自我。要想不被别人的想法左右，不活在别人的看法中，就必须有独立的人格，充实自己的内心。只有内心充实了、强大了，人才会变得有主见，活得更自信。

不管是谁，都没有办法陪我们走到最后，所以我们自己的人生还得自己做主。老是陷入别人的思维中，失去对自己人生的话语权，不仅会活得很被动，也会活得很累。

你有主见，就不再迷茫

人作为社会群居动物，都是生活在一定的群体当中。既然是生活在群体中，就难免会被周围人的观点和思想影响。很多时候，他人的意见和想法会对我们的思想产生启示作用，但不可否认，有些时候他人的意见和想法也会动摇我们的意志与抱负。这时候，拥有自己的主见就显得十分重要了。

拥有主见其实就是分析和判断形势，它可以让我们在面对选择时排除许多迷茫和困惑，变被动为主动。但主见不是天生就有的，主见需要在平日里储蓄，在关键时实践。

小白、阿桑还有老李是大学同学，三人毕业后一直在一家IT公司做程序员，现在已经是第五个年头了。三人私下经常聚在一起吃饭、聊天。三人都对自己从毕业到现在毫无变化的现状十分不满，时间一久，老李甚至生出了辞职的念头。对于这个冒险的决定，阿桑和小白观点不一，小白认为，只要自己一直兢兢业业坚持下去，一定会有出头的一天；阿桑则觉得都行，要是都辞职他就辞职。

一个月后，老李带着对旧公司的不满毅然辞职跳槽到另一家公司，但是因为之前在工作中一直得过且过，所以并没有什么真才实学，最终也只能从头开始。阿桑在不久之后也跟着他辞职换了公司，收入还没有之前高。只有小白一直坚持自己的想法，继续勤勤恳恳地做着自己的工作，最后在年底的年会上由程序员直接升为主管。

三人同时遇到“瓶颈期”，因为选择不同，结果也截然不同。阿桑是三人中最没有主见的，典型的随波逐流型，总是跟在别人后面作决定，很难有自己的成就。老李虽然有自己的想法，但是性格冲动，做事情也不会认真分析，所以会吃亏。而小白则和他们恰恰相反，虽然也对工作现状不满，但并没有被别人牵着鼻子走，而是坚持自己的想法，努力做到最好，最后也得到了自己想要的。

人在做事时，有主见才有自我，没有主见的人在做事时就像随风飘荡的浮萍，没有自己的想法，也就无法决定事情的走向了。不过有主见并不是指我行我素，只做自己的。这是一种极端自负和自我封闭的做法，是不对的。所谓有主见，是指在遇到事情时有自己的想法，可以运用自己的人生积累和周围人的积极建议，作出正确明智的选择。

虽然我们过着群体生活，但我们又都是有着鲜明个性的独立个体，许多事情还是需要自己作决定。太依赖或依附别人不但不能给自己的生活做主，还容易引起别人的反感。一个人要想成功，首先就得做到思想独立，能在关键时刻拿定主意、稳定军心，否则只能与成功擦肩而过了。

所谓有主见，并不是指固执己见，一条道走到黑，而是在重要的事情上面有自己的观点、自己的看法，自己的人生自己做主，而不是人云亦云，跟着别人走。

坚持走自己的路，世界也无法阻挡你

在人生的道路上找准目标、确定人生方向，是每个人走向成功必须要做的事。所谓目标，它可以是你这一阶段的努力方向，也可以是你整个职业规划的最终目标。只有有了明确的目标，知道自己想要的是什么，你的前景才会一片广阔。

很多人都期待走上社会精英的舞台，并成长为影响一方的主角，但大多数人最后只能庸庸碌碌过一生。为什么？就是因为他们没有长远的目标，整日浑浑噩噩，不知道努力是为了什么。长此以往，不但丧失前进的动力，人也会变得一蹶不振。

魏强上学时成绩优秀，一直是老师、家长眼中考名牌大学的好苗子。魏强18岁那年如愿考上了北方的一所大学，毕业后顺利到一家小有名气的杂志社应聘成了记者。但是，工作后的魏强并没有像大家所想的那样顺风顺水。原来，因为家人、老师的期盼，读好大学、找好工作一直是魏强前进的目标，可是，参加工作后，魏强忽然失去了努力的方向，工作也一直不温不火的，很快便失去了动力，每天浑浑噩噩。出版社里的老编辑见他没什么上进心，也是颇有微词，经常在领导面前批判他。魏强觉得压力巨大，于是辞职了。

辞职后的魏强见昔日的许多同窗从事销售，且混得还不错，便找了一份销售的工作。过了不久，他又想，为什么不去试一试酒店管理类的职业呢？既轻松，还可以管理别人。就这样，他又花了一个月恶补了酒店管理的知识，但是因为缺乏实践经验，只能从最基本的服务员做起。做了不到两个月，魏强觉得没什么意思，再一次辞职了。

浑浑噩噩、没有目标的魏强，就这样在毕业了很多年以后依然只能混迹于普通公司的底层职位。

在我们的一生中，除了年幼无知的童年时期外，其他每个不同的成长发展阶段都与立志有很大的关系。上学的时候，魏强因为有父母的期待，所以上大学是目标，可是，完成这些之后，他立刻就没动力了。其实很多年轻人都能从魏强的身上找到自己的影子，毕业之后，脱离学校与家长，自由了，也没有目标了。

大多数觉得人生很迷茫，找不到方向，归根结底都是由于没有远大的志向和可以为之奋斗的目标。

没有目标，就没有前进的方向，生活就会过得像一盘散沙；没有远大的志向，人就会变得慵懒而没有动力，只能听天由命，茫然叹息。不想让机会就这样溜走、青春就这样逝去，只有靠志向和理想冲出迷茫的旋涡，崭新的人生之页才会从此刻为你掀开。

目标有大有小，建议大家在确定目标时先确定一个大目标，如职业理想、人生规划，然后将大目标细化，分成阶段性目标。这样就不会因为目标太渺茫而心生放弃，而且，一步一步朝着目标不断靠近，人也会充满成就感。

做足准备，随时迎接机遇

机会总是留给有准备的人，只要你提前把所有准备都作好，抓住每一次机会，就可以离成功越来越近。

有位哲人曾经说过：“有事情发生，便有机会存在。”每一件事情的发生都可能潜藏着改变命运的机会，老实人在大事上孤注一掷，聪明人却不肯轻易放过任何一件小事。事实上，要想比别人做得好，并能抓住每一次机会，最明智的做法就是在每一件大小事上都下足功夫。

几个朋友约在一起吃饭，聊天时大家都在感慨生活不顺心，抱怨机会太少或太差。

这时他们中的李某讲了他自己的一个故事。

李某毕业之后很快就找到一份工作，但是，时间一长，李某渐渐对工作产生了倦怠。

当时，心情抑郁的李某为了缓解自己的这种消极情绪，让自己放松一下，便养成了每个周末都去钓鱼的习惯。刚开始的那几周李某信心满满，每次都带着很大的鱼篓，期待能有大收获。可是去了几次以后，他发现自己每次都只能捞到几条小鱼，根本用不上这样大的鱼篓，便将鱼篓换成了小的。

最后因为收获越来越少，他每次只拎着一根钓鱼竿和少量鱼饵就出发了。

一天，李某的一个同事白某也和他一起去钓鱼，出发前，那人见他没有拿鱼篓，以为他忘了，便拿了一个鱼篓给他。

李某摇了摇头，说："不用了，我每次钓的鱼才两三条，用手就能拿得了。"

但是这天出乎他们的意料，他们遇到了大片的鱼群，很快就钓上了许多鱼。李某看着同事装了一大筐鱼，自己却只能用柳条绑住几条，不得已只好放弃好多已经钓上岸的鱼，感到懊恼不已。

在座的人听完李某的故事，什么感想也没有，反而扯开话题，嘲笑李某都毕业几年了还想着浪费时间考研。

几年之后大家再次聚会，有的人还在苦撑着生意，有的人继续在自己不喜欢的工作环境中勉强度日。至于当时被大家嘲笑的李某，已经读完博士，现在是好多公司争抢的人才。

直到这时，大家才明白，李某说的那个“鱼篓”故事的含义。

机会只留给有准备的人，所以，当我们抱怨自己运气不佳、机会不够时，应该时刻看看自己的“鱼篓”准备得是不是够大，是不是能够装得下你想要的。有时也许不是没有机会，而是机会来了，却没有作好准备。

中国有句俗话：台上一分钟，台下十年功。我们常常羡慕别人机会好，羡慕命运对他们的偏爱，羡慕他们的成功，却不知道在成功和荣耀背后，他们付出了常人无法想象的汗水。现实生活中，有些人总是坐着等机会，躺着喊机会，睡着梦机会，做“守株待兔”的人，但机会总是偏爱有准备的人，能否抓住机会、利用机会获得成功，关键还是看你是否有充分的准备。那么，朋友，你是否作好准备了呢?

机会总是留给有准备的人，做任何事，都提前作好准备，这样机会来了也不怕接不住。不作准备，指望天上掉馅饼的人，是不会有好结果的。

机遇面前，尽快行动

生活中，总能听到有人抱怨老天不公的声音，抱怨上天没有赋予自己良好的机遇。其实，上天对待每个人都是公平的，给予大家的机会也是同等的。也许这个机遇并不是那么地明显，也可能是在你没有预料到的情况下出现的，这种时候，能不能取得成功，就看你是不是能抓住机遇了。

机会犹如白驹过隙，稍纵即逝。只有拥有一双慧眼，抛开内心的优柔寡断，才能抓得住它。常有人说，“抓住机会，见机而动”，这其实并不难理解，但令人遗憾的是，许多人并没有抓住属于自己的机会，最终失去了获得成功的资格。其原因恐怕离不了两点：一、不懂得识机。二、不懂得择机。

在一次洪水来临的时候，有个人被困在了二楼的阳台上。当洪水上涨到与二楼的墙壁同高时，他虔诚地向上帝祈祷，希望上帝来救他。“上帝一定会来救我的。”他在心里对自己说。这时，一艘船正好划了过来，船主看到他被困，让他赶紧游到船上来。“您先走吧，别担心我，上帝会来救我的。”船主虽然不解，但是看船上还有其他人，不敢再耽搁，往前划走了。

洪水还在继续上涨，很快就已经淹过他的膝盖了，这时，离他被困的不远的地方，又来了一艘小船，船上的救生员大声呼叫他快点游过去，但是他仍然回答说："上帝会来救我的。"并祷告得更加虔诚了。就在洪水快淹到他下巴的时候，第三艘小船来了，而且划到了他可以直接上船的地方，但是这个人仍旧大叫着说："不用管我，上帝会来救我的！"结果第三艘船还没走出多远，洪水就把他的头淹没了。

当这个人进入天堂之后，他立刻要求见上帝。他很认真地问道："上帝，我是如此虔诚地向你祈祷，为什么你不救我？"上帝有点惊讶，很纳闷地说："我派了三艘船去救你，但是你都不上去，我以为你想来的是这儿呢。难道不是吗？"

要知道，每一个机会的到来都是不会提前跟你打招呼的，它总是悄悄地来，然后试图让你去发现它、抓住它，如果你是有心人，拥有一双慧眼，就会理智地抓牢它；如果你认识不清、把握不准，那么即使机会就在你面前，也会与你擦肩而过。就像故事中的这个人一样，对机遇抱着守株待兔的态度，一旦等不到，便开始怨天尤人，慨叹命运对自己的不公。

其实，机会对每个人都是公平的，关键看你有没有捕捉机会的敏锐性，如果没有，那么即使苹果接连不断地往下掉，你也只能看出表象，看不出万有引力的本质。要想练就这种敏锐性，我们就必须学会见机而动，还必须学会善择良机。但是良机不会就这么赤裸裸地摆在每个人的面前，它常常隐藏在复杂的表象后面，所以我们必须养成审时度势的习惯，随时把握客观形势的变化与各方力量对比的变化，透过现象看透其本质，这样方能抓住机会，成就大业。

很多时候，我们不能成功并不是没有机会，而是我们没有抓住机会。其实上帝给每个人的机会都是均等的，关键还是要看自己是否努力，是否在认真奋斗，如果答案为否，那么，即便机会来了，你也抓不住，只能望洋兴叹、独自懊恼。

第7章 努力向前，年轻就是奋斗的代名词

海明威说：“优于别人，并不高贵，真正的高贵应该是优于过去的自己。”不去努力，不尝试，你永远不知道自己能干成什么，最终就是一事无成。如果说人生有不如意，那就是自己不努力，永远不出色。

年轻时不努力，更待何时

年轻人，如果你不是富二代，挣钱又不多，那你拿什么来享受生活呢？趁着年轻，努力一把，而不是安于现状，这样你才有能力为高品质生活埋单。生活充斥着酸甜苦辣的味道，只有经历了苦辣之后，才能体会到生活的甘甜之味。年轻是美好的，你的选择不同，人生经历也不同。有人选择安逸的生活，有人选择疯狂，而我选择在这美好的岁月里洒下汗水，种下希望，努力奋斗。

当然，努力并非说说而已，年轻人需要给自己制订目标，有一个良好的心态，努力学习，不断充电，对自己想做的事情有一种强烈的欲望。如果你无限渴望去做某件事情，那全世界都会给你正能量去实现。

安东尼·拉马纳出生于意大利西西里岛的一个小村庄里，家里有10个兄弟姐妹，因此他不到12岁就到采石场干活了。不过，安东尼不甘心自己的命运就是这样，于是他常常会利用一些休息的时间阅读有关西西里岛的历史和地理，并听老人们讲述岛屿的变迁。在书中，他看到了外面的世界与岛屿的差距，因此，他在16岁那年，沿着山谷顺流而下，一直来到海边，随后跟着一艘货船来到了美国。

在22岁那边，安东尼凭借着不懈的努力，获得了梦寐以求的证书—— 一张石匠工会卡，不久他便被选去在林肯的纪念碑上雕刻林肯在葛底斯堡的演讲词。在雕刻林肯的演讲词时，他深深地被林肯的人生经历所打动。他想：林肯这位生活艰辛，而最后靠着学习改变命运的人，早年生活几乎跟自己一样，而后来他却当上了律师，最后竟当上了总统，那么自己是不是也会有功成名就的一天呢？他突然之间作了一个决定——要成为一名律师。对此，朋友都笑话他："你是林肯第二吧？安东尼，你看雕像看呆了。"

安东尼过去只在西西里岛的一所乡村小学读到五年级，想在华盛顿大学国家法律中心学习，这简直是痴人说梦。何况他每天还要在脚手架上连续工作10小时。但他没有退缩，一下班就去夜校补习英文，他的帆布兜里时刻都有锤子、午饭和课本。他常常匆匆忙忙地吃过午饭便抓紧时间读书，甚至有时候一手拿着书，一手拿着两片玉米饼，中间夹着一块咸猪肉，坐在木头上边吃边学习。

终于，功夫不负有心人。安东尼考入了法律学校，但是，因为第二次世界大战爆发，他只得离开美国去同法西斯作战。回国后，他在很短的时间里连续获得了一个法学学士和一个法学硕士的学位，后来，他一直在纽约和华盛顿担任律师，工作十分出色。

有人曾问安东尼："读书、学习时，难道你不感觉到累吗？"他回答说："那不可能，因为每个人都必须自己去发现动力，并自己为动力确定具体的含义。"不感觉到累，是因为相信自己一定能行。即便自己被朋友嘲笑，他也从来没动摇过努力的决心。正因为对自己有绝对的信心，安东尼才得以成功。

几十年前，在美国有一个十多岁的穷小子，他自小生长在贫民窟里，身体非常瘦弱，却立志长大后要做美国总统。如何实现这样的抱负呢？年纪轻轻的他，经过几天几夜的思索，拟订了这样一系列的连锁计划：

做美国总统首先要做美国州长——要竞选州长必须得到雄厚的财力支持——要获得财团的支持就一定得融入财团——要融入财团就需要娶一位豪门千金——要娶一位豪门千金必须成为名人——成为名人的快速方法就是做电影明星——做电影明星前得练好身体，练出阳刚之气。

按照这样的思路，他开始步步为营。一天，当他看到著名的体操运动主席库尔后，他相信练健美是强身健体的好办法，因而有了练健美的兴趣。他开始刻苦而持之以恒地练习健美，他渴望成为世界上最结实的男人。3年后，凭着发达的肌肉和健壮的体格，他开始成为健美先生。

在以后的几年中，他成了欧洲乃至世界健美先生。22岁时，他进入了美国好莱坞。在好莱坞，他花了10年时间，利用自己在体育方面的成就，一心塑造坚强不屈、百折不挠的硬汉形象。终于，他在演艺界声名鹊起。当他的电影事业如日中天时，女友的家庭在他们相恋9年后，终于接纳了他这位“黑脸庄稼人”。他的女友就是赫赫有名的肯尼迪总统的侄女。

婚姻生活过了十几个春秋，他与太太生育了4个孩子，建立了一个“五好”家庭。2003年，年逾57岁的他告老退出了影坛，转而从政，并成功地竞选成为美国加州州长。

他就是阿诺德·施瓦辛格。他的经历告诉我们，目标要远大，经营自己的过程却要稳扎稳打，在一个台阶上站好了，然后再瞄准下一步。

志存远大，这是一直被我们推崇的。但是在现实中，仅仅努力还远远不够。就如阿诺德·施瓦辛格一样，如何开动脑筋，尽快突破小目标，实现大目标，才是年轻人最应该重点费心思考的问题。纵观阿诺德·施瓦辛格的成功经历，我们可以总结出这样一句话：从大处着眼，从小处着手，化整为零地循序前进。许多年轻人都妄想自己能一步登天，一夕成名，一下子便成为一个亿万富翁。有目标、有憧憬是好事，但善于规划才是硬道理。

人生不息，奋斗不止，只要你还年轻，就大胆勇敢地向前冲，只要坚定信念，成功就会在眼前。年轻人，只要梦想还在，那就在美好的岁月里保持前进的脚步吧！

年轻，没有理由不努力，与其在暮年擦拭悔恨的泪水，不如趁年轻努力一把。年轻人要敢想敢做，勇于付出，相信没有什么是做不到的，也没有什么能够难倒年轻的自己。

努力，梦想终会回馈于你

许多人觉得自己很平凡，能力很普通，先天条件的欠缺导致他们对自己丧失了信心，在他们看来，不管自己如何努力，最终都只会成为一个平庸的人。抱着这样的想法，他们不想去努力，浑浑噩噩地生活着。

记住，成功的路从来不会一帆风顺。许多人也曾迷茫过，也曾不知道未来究竟在哪里，但是，他们以自己成功的经历告诉我们：相信梦想，梦想自然会回馈于你，努力比任何东西都来得真实，用坚韧换机遇，用时间换天分，哪怕走得很慢，也终会抵达。

有一个孩子想不明白为什么自己的同桌每次都能考第一，而自己每次却只能排在他的后面。

回家后他问道："妈妈，我是不是比别人笨？我觉得我和他一样听老师的话，一样认真地做作业，可是，为什么我总比他落后？"妈妈听了儿子的话，感到儿子开始有自尊心了，而这种自尊心正在被学校的排名伤害着。她望着儿子，没有回答，因为她不知道该怎么样回答。又一次考试后，孩子考了第20名，而他的同桌还是第一名。回家后，儿子又问了同样的问题。她真想说，人的智力确实有高低之分，考第一的人，脑子就是比一般人的灵。然而这样的回答，难道是孩子真想知道的答案吗？她庆幸自己没说出口。

应该怎样回答儿子的问题呢？有几次，她真想重复那几句被成千上万个父母重复了无数次的话——你太贪玩了；你在学习上还不够勤奋；和别人比起来还不够努力……以此来搪塞儿子。然而，像她儿子这样脑袋不够聪明、在班上成绩不甚突出的孩子，平时活得还不够辛苦吗？所以她没有那么做，她想为儿子的问题找到一个完美的答案。

儿子小学毕业了，虽然他比过去更加刻苦，但依然没赶上他的同桌，不过与过去相比，他的成绩一直在提高：为了对儿子的进步表示赞赏，她带他去看了一次大海。就是在这次旅行中，这位母亲回答了儿子的问题。

母亲和儿子坐在沙滩上，她指着海面对儿子说："你看那些在海边争食的鸟儿，当海浪打来的时候，小灰雀总能迅速地飞起，它们拍打两三下翅膀就升入了天空；而海鸥总显得非常笨拙，它们从沙滩飞向天空总要很长时间，然而，真正能飞跃横过大洋的还是它们。”

“海鸥总显得非常笨拙，它们从沙滩飞向天空总要很长时间，然而，真正能飞跃横过大洋的还是它们。”平凡又怎样，不起眼又怎样，只要你努力，一样可以飞过大洋。当我们在讨论这个问题的时候，应该反思的是自己是否努力过，如果你连努力都不曾有，又何必抱怨这个社会太现实呢?

我们都听过龟兔赛跑的故事：兔子机灵，跑得快，它以为自己胜券在握，所以安心地睡起了大觉。谁知道看起来慢吞吞的乌龟，却以自己百倍的努力以及坚持不懈的精神率先到达了终点。谁能笑到最后，还真是不一定。

大学毕业后，威廉的求职战役正式打响了，他向大部分知名企业投递了大概20份简历。那真是一段不堪回首的岁月，他天天跑招聘会，而自己的努力却得不到任何回应，那些投递出去的简历如石沉大海，杳无音讯。好不容易有一家公司通知他面试，但在找工作的路途上依然是曲折坎坷。

威廉在笔试上失意过，在群试时因插不上话而被刷掉，和许多求职的年轻人一样，他曾经历过低谷期，但他始终努力着。遇见太多糟糕的事情，他反而觉得一切都会慢慢好起来；情绪太过糟糕，他反而知道应该如何来梳理情绪；了解了自己的缺点之后，他反而知道什么工作才是最适合自己的。在每一次求职失败后，威廉都会反思自己的缺陷和不足，总结失败的经验，从来没有放弃过努力。

威廉说："天赋决定了一个人的上限，努力则决定了一个人的下限。"许多年轻人根本没有努力到需要拼天赋，就已经放弃了。威廉深知自己没有一步登天的天赋，所以只能用努力来换取天分。

当然，最后威廉如愿找到了一份好工作，而这与他平时的努力是分不开的。

成功就是运气恰巧撞到了努力而已，努力永远不会有错，即便现在无法感受到努力的回报，在未来的某一天，你总会有所收获。选择自己喜欢的事情，然后努力到坚持不下去为止，相信梦想，更要相信努力，因为遗憾比失败更可怕。当你在追逐梦想的时候，这个世界总会制造许多挫折与困难来阻挡你，残酷的现实会捆住你的手脚，但其实这些都不重要，重要的是你是否有努力到底的决心。

平庸并不可怕，可怕的是永远平庸。既然上帝没有给予天赋，那我们就用后天的努力来弥补。越努力越幸运，如果你觉得自己平凡，那就用努力换天分。当然，在这个过程中，你要始终相信努力奋斗的意义，让未来的你感谢现在拼命努力的自己。

坚持不懈可以在你失去动力的时候帮助你继续你的行动，这样可以令结果渐渐向好的方面发展。坚持不懈最终会产生它的动机，仅需保持你的努力，你最终就会得到回报，这个回报可以为你带来强大的动力。

不断挑战自我，别为你的人生设置条条框框

在生活中，许多人不敢追求成功，原因并不是追求不到成功，而是他们在还没有开始追逐之前就在心里默认了一个“高度”，这个高度常常暗示自己：成功是不可能的，这个是没办法做到的。

“心理高度”成为人们无法取得成功的根本原因之一，自我设限是一件很悲哀的事情，著名的“跳蚤效应”实验中，跳蚤并非失去了跳跃的能力，而是它们在受挫之后变得麻木了、习惯了。所以，我们要将成功的信念注入血液之中，不断地告诉自己“我能行”“我努力就一定能成功”“我是最优秀的”，不断增强自信心，勇于向成功奋进。如果你不逼自己一把，那你根本无法想象你是多么出色。

1900年的一天，著名教授普朗克和儿子在花园里散步，他看起来神情沮丧，遗憾地对儿子说：“孩子，十分遗憾，今天

有个发现，它和牛顿的发现同样重要。”原来，他提出了量子力学假设以及普朗克公式，但是，由于他一直很崇拜并虔诚地奉牛顿的理论为权威，而自己的发现将打破这一完美理论，他有些怀疑自己的判断，最终他宣布取消自己的假设。后来，25岁的爱因斯坦大胆假设，他赞赏普朗克假设并向纵深处引申，提出了光量子理论，奠定了量子力学的基础。随后，爱因斯坦又突破了牛顿绝对时空理论，创立了震惊世界的相对论，并一举成名。

对自己的怀疑，常常会让我们失去成功的机会，或是让我们放慢前进的脚步。普朗克对自己的怀疑，使这个物理理论的提出推迟了几十年。所以，任何时候都切莫怀疑自己，而应努力、勇敢地证明自己，这样我们才有可能站在成功的顶峰之上。

1796年的一天，在德国哥廷根大学，19岁的高斯吃完了晚饭，就开始做导师单独布置给自己的每天例行的3道数学题。高斯很快就把前面两道题做完了，这时，他看到了第三道题：要求只用圆规和一把没有刻度的直尺，画出一个正十七边形。高斯感到非常吃力，时间很快就过去了，但是，这道题还是没有一点进展，高斯绞尽脑汁，但是他很快发现自己学过的所有数学知识似乎都不能解答这道题。不过，这反而激起了高斯的斗志，他下决心：我一定要把它做出来！他拿起了圆规和直尺，一边思考一边在纸上画着，尝试着用一些常规的思路去找出答案。

天快亮了，高斯长舒了一口气，自己终于解开了这道难题。见到导师，高斯有点内疚："您给我布置的第三道题，我竟然做了整整一个通宵，我辜负了您对我的栽培……"导师接过了作业，当即惊呆了，他用颤抖的声音对高斯说："这是你自己做出来的吗？"高斯有点疑惑："是我做的，但是，我花了整整一个通宵。"导师激动地说："你知不知道，你解开了一道两千多年未解的数学题，阿基米得没有解决，牛顿没有解决，你竟然一个晚上就做出来了，你才是真正的天才！"原来，导师误把这道难题交给了高斯。每次高斯回忆起这一幕时，总是说："如果有人告诉我，这是一道两千多年来无人解出的数学难题，我可能永远也没有信心将它解出来。"

我们应该永远记住一句话：你比自己想象中更优秀。因为我们每个人所拥有的潜能都是无穷的，我们所展现出来的只是九牛一毛，还有更多的等待我们去挖掘。相信自己，多给自己一份肯定，自己永远比想象中优秀一点，这样，你才会成功地挖掘出自己的潜在价值，从而使自己变得更优秀。

只要我们勇于去寻找真实的自我，激发出自己无穷的能量，就能够彰显自身的价值，这会让我们人生的每一刻都过得精彩。

许多人不明白自己的价值所在，他们也不知道自己到底具有多大的潜能，所以，谁也不知道自己到底会有多么伟大。事实上，一个人的价值有时候是显性的，但在更多时候都是隐性的，而在每个人的身体里，都蕴藏着巨大的能量，这就是我们的价值所在。

努力够了，你的运气就来了

许多人对身边那些做出成就的人总是抱以羡慕嫉妒的眼光，从而感叹自己命运多舛，运气很差。不过，请重新审视一下自己，不能成功真的是因为运气很差吗？运气往往与努力相连，如果足够努力，那好运自然会到来。在这个世界上，没有无缘无故的好运，所有的好运都是努力而来的。做人做事有多大的力气，就会有多成功。永远记住一句话：越努力，越幸运。

请放下你的浮躁，放下你的懒惰，放下三分钟热度，放空容易受诱惑的大脑，放开容易被新奇事物吸引的眼睛，闭上喜欢聊八卦的嘴巴，静下心来好好努力。当你认真地努力之后，你会发现自己比想象中更优秀，好运也会在期待中降临。

1896年4月6日，现代奥运史上的第一个世界冠军诞生了，他就是来自美国哈佛大学的大学生詹姆斯·康纳利。

康纳利1895年被哈佛大学录取，学习古典文学。在学校时，他已经是当时全美三级跳远冠军了。听说奥运会即将在雅典举行，他便向学校请8周假前去参赛，但学校拒绝了他的要求。康纳利执意要到奥运会上一试身手，于是他离开了哈佛，自己争取到参加奥运会的资格，成为由11人组成的美国代表团的成员之一。

与他一同前去的其他美国同伴都是波士顿体育协会麾下的运动员，参赛是免费的。而康纳利太穷了，他享受不到这种待遇。他这次参赛是在一家很小的体育协会的赞助下才成行的。由于资金紧张，他花掉了自己仅有的700美元的积蓄，才登上了德国德福达号货船。

就在启航的前两天，他伤了后背，这几乎毁了他的全部计划。幸运的是，在从纽约到那不勒斯的17天航行中，他的伤痊愈了。但是，刚下船，他的钱包又被人偷走了。这还不算，更为糟糕的事接踵而来：因为希腊历制和西方历制不同，比赛在他们到达的第二天就开始了，而不是他们原以为的12天之后；而对他更为不利的是，他的三级跳远项目的起跳要求是单足跳、单足跳、起跳，而不是他从小练习的传统跳法单足跳、跨步、起跳。

4月6日下午，三级跳远比赛开始了。在其他运动员跳完之后，康纳利最后一个出场。他走到沙坑前，把帽子扔到了一个别的运动员跳不到的位置上，大声呼喊自己要跳到帽子那里去。他在跑道上加速，按照新的规则，先两个单足跳，然后起跳，最后落在比他的帽子更远的地方，跳出了13.71米的好成绩，成为当之无愧的现代奥运史上的第一个冠军。

1949年，哈佛大学试图与他和解，并授予他博士学位。

詹姆斯·康纳利很幸运吗？或许所有人都会这样觉得，但事实上你永远不知道他背后的努力。并不是每个人都能在逆境中坚持自己的决定。面临着参加奥运会就要离开学校，且基本自费参赛的严峻考验，詹姆斯·康纳利坚持自己的想法，最终博得了胜利。

正如一位哲人所言：成功者大都起始于不好的环境并经历许多令人心碎的挣扎和奋斗。他们生命的转折点通常都是在危急时刻才降临。经历了这些沧桑之后，他们才具有了更健全的人格和更强大的力量。

在不少人眼里，莎莉是一个努力的女孩，她几乎一年365天都在工作。在几年前，她看起来还有点婴儿肥，现在却摇身一变成为纤瘦励志女神。当然，莎莉的变化不仅在外表上，她还陆续推出了有影响力的作品，其能力也得到大家的认可，俨然已成为圈内的劳模代表。

面对这些变化，莎莉却说："我希望努力度过每天，做最棒的自己，努力是我一个很好的开始。"其实，莎莉从小没有想过自己会成为活跃在大荧幕上的明星。小时候莎莉的父母对她要求很严格，让她学画画、硬笔书法、琵琶等，涉猎广泛，在这个过程中莎莉慢慢明白努力有多么重要。父母经常对莎莉说："你可以不是第一名，但你必须是最努力的那一个。"所以，一直以来莎莉都坚信"越努力越幸运"，她希望通过自己的努力来赢得一次又一次的好运。她说："加倍努力，终于让我化茧成蝶。"

在通往成功的路途上，任何的抱怨都无济于事，任何的借口都是白搭，唯有努力才是真刀实枪的本事。努力的人，不用去寻找好运，因为他就是好运。越努力越好运，这确实是一个成功的奥秘。努力本身带给我们的益处远远大于成功，在努力的过程中，不断磨炼，不断尝试，到成功那一天，所有的努力都会聚沙成塔，成就自我。

你知道吗？风往哪个方向吹，草就往哪个方向倒。人要做风，即便最后遍体鳞伤，也要长出翅膀，勇敢地飞翔。努力吧，在路上的人！

一个人如果缺少棱角、缺少勇气，无法选择走自己的路，那他只能成为被风吹倒的草。所以，大胆走自己的路，努力吧，总有一天，你会成为翱翔的雄鹰，繁华褪尽，剩下的只有荣光。

第8章 提升自己，社会才是真正历练人生的课堂

一个人只有用自己的突出之处为人生创造价值，他的价值才能最大化。学历代表过去，学习能力才代表将来，年轻人一定要让自己在每天都取得进步，让不断增长的才干为自己打开成功的大门。看看有哪些突出的才能能够为自己的人生创造奇迹吧，如果没有，我们就培养其中的几项，让这些不断增长的才干成为自己的核心竞争力，如此，我们才可能在人生的比赛中胜出。

心态平和的人，更容易获得成功

一个人如果没有专心致志地做过一件事情，那么他的人生就不是完美的。事实上，在某些领域，只要我们能够维持三五年的专注力，就可能小有所成；而如果我们的一生都花费在某个领域，我们的成就将无可限量。

平凡人为什么不容易成功？因为我们的杂念太多。我们中的哪个人在做事之前不是千般计较，哪个人不是一边做事、心里一边转着其他念头？因为我们想得太多，计较得太多，却做得太少。当别人做同样多的事可以和我们有同样的薪水时，我们就想做更少的事得到同样的报酬；当别人和我们做同样多的事却拿比我们高的报酬时，我们就设法拿更高的报酬或者跳槽。

许多人在一生中都把精力浪费在了和别人比较，和别人竞争，算计付出与回报是否成正比之上，而很少好好地用心工作过，所以不但不容易得到成功，也不容易得到快乐。如果他们能够达到一个境界，完全让自己沉浸在工作本身所带来的乐趣当中，不为外界的种种诱惑所动，完全不去和别人比较，眼中只看得见自己的工作，只看得见自己的生活和自己能够享受到的乐趣，那么，就算不那么成功，他们也会感到快乐。因为这个世界上的一切痛苦都来自比较，来自别人的眼光和对别人眼光的在乎。

一个人想要成功，其实与专注力是分不开的，专注力并不是指十几年甚至几十年地从事某一种工作，而是当你从事某种工作的时候，能够心无旁骛地把注意力全部放在上面，能够在很长时间内集中精力，不被打扰。如果能够做到这点，就能在考虑问题的时候考虑得更深入、更缜密，在处理事情的时候处理得更完美、更周密。

当我们把所有的注意力都放在一件事上的时候，甚至连睡眠都在帮助我们。德国化学家凯库勒，就是在梦中发现了苯的结构。当时，人们发现苯属于不饱和状态，可是其化学性质又非常稳定，这样的存在非常矛盾，说明苯有一个非常奇特、和所有不饱和有机物都不同的结构，这个结构是怎样的？这个问题把所有的化学家都难住了。

凯库勒对此也百思不得其解，因此他总是处在思索这个问题的状态中，就连吃饭时、睡觉前也不停地思考。一天晚上，凯库勒坐在书房里昏昏欲睡。在半梦半醒之间，他看到碳链似乎活了起来，变成了一条蛇，在他眼前不断翻腾，突然咬住了自己的尾巴，形成了一个环……凯库勒猛然惊醒，立刻在纸上把苯的化学结构以六角形环状的方式写出来。1865年，凯库勒发表了有关苯结构的论文，解决了化学上的这一难题。

可见专注力对于一个人的成功是多么重要。那么，我们该怎样加强专注力呢？每个人的专注力都是不同的，有的人能够在思考的时候浑然忘我，连自己正在做的手边的事都忘掉。而有的人则很不容易集中注意力，连聚精会神几分钟都做不到。不论自身专注力的根基如何，我们都应力求上进、精益求精，在增强专注力方面不断进行训练。

方法有很多，下面简单介绍几种：

其一，空间清净。当你决定做某件事的时候，把与此无关的其他东西都收走。比如，当你在电脑上工作的时候，把你的宽带关掉，因为，如果你一直处在联网的状态，你会忍不住想玩一会儿游戏，或者读一读新闻等，把自己原本要做的工作都耽误了。在做这件事之前，最好先找好自己所需要的资料存在电脑硬盘上，一旦需要就可以轻易翻找出来。如果在做事情的过程中需要补充资料，那就把这段工作跳过去，先做下面的，做完整个项目以后，再查找资料。

其二，张弛有道、节奏分明地处理做事和休息的时间。在做事之前最好让自己处在一个长时间不需要做别的事情的状态，如喝点水，上好厕所，清理好自己心中的其他念头，然后坚持几个小时做事，一直不要分心。不要熬时间，这是在折磨自己，一定要高效率地做事，把自己的全部精力和脑筋都放在正在做的事情上，脑筋高速运转，手快速行动，心无杂念。等到事情做完，再去休息，去玩乐，这时就痛痛快快地彻底地丢掉事情，整副心思放在玩乐上。当你节奏分明地处理了一段工作与休息的关系之后，你就会发现自己很容易快乐，也很容易出成果。

其三，除去内心的干扰。在做事之前，就要把心中那些浮光掠影的各种念头抛去。很多时候，我们是自己在骚扰自己。一边做事，一边想着快中午了，喝水休息一会儿吧；或者一边想着昨天看到的有趣的事情；或者气愤、烦恼等各种情绪不能平。这样的干扰对于我们来说居多，因此，我们不妨在做事之前先冥想三分钟，就像在做瑜伽之前做的一样，把内心的杂念清除出去，然后安心做事，做完事再想别的东西。

训练一段时间，你会发现专心做事的感觉特别好，效率也特别高，自己也很容易有成就感和满足感。年轻人一定要在这方面对自己有切实的训练，一定要加强自己的专注力，这样才可能迈向成功。

多说无益，不如立即去做

30岁以前，无论我们有多少智慧、多少创意、多少决策和管理能力，我们从事的多是执行类的事务，这期间，一个人执行力的好坏决定了他是否能够升职、是否能加薪、是否能走向决策层，所以说执行力就是一个人最终成功的保障。马云曾经说过这样一句话：“孙正义跟我有同一个观点，一个方案是一流的Idea加三流的实施；另外一个方案是一流的实施加三流的Idea，哪个好？我们俩同时选择一流的实施加三流的Idea。”所以说，在人们成功的过程中，执行力扮演着最重要的角色。

那么执行力到底是什么呢？执行力，指的是贯彻战略意图、完成预定目标的操作能力，是把企业战略、规划转化为效益、成果的关键。执行力包含完成任务的意愿、完成任务的能力、完成任务的程度。对个人而言，执行力就是办事能力。简而言之，执行力就是把想法变成行动、把行动变成结果的能力。

我们国家有很多“坐而论道”的例子，他们都乐衷于坐在原地讨论政策的好坏，讨论怎样治理国家，却没有真正实施的才能。我熟悉的最有执行力的人物就是商鞅，他运用法家的理论，抱着法家“明法”的态度和精神推行政治改革。他在实施自己的变法之前，在国都集市的南门外竖起一根三尺高的木头，并贴出告示：有谁能把这根木头搬到集市北门，就给他五十金。有个人壮着胆子把木头搬到了集市北门，商鞅立刻下令给他五十金，以表明他说到做到。然后他下令变法，新法很快在全国推行。

在一个企业里，决策很重要，但是如果不能得到推行，或者执行它的人总是打折扣，把本来很好的策划执行得似是而非，那么它的发展就不可能令人满意。在我们的企业里，在我们的国家里，并不缺少先进的管理经验，也不缺少先进的经营理念，缺少的只是照章行事的执行力。如果一个企业能够按照上层的想法，不折不扣地执行下去，那么很快就能够看到成效。

一个人想要成功也是这样，有想法是好事，但是，仅仅停留在想的阶段，而不去行动，不去实施，那再好的想法也不可能为自己的人生创造价值。从现在开始，你一旦有一个想法、一个念头，就应该把自己的这个想法和念头记录下来，然后进行完善，使它成为一个具体的明确的可以执行的主意、想法、策划，然后制订出自己的具体计划，立刻行动，去实现。可以先从简单的开始，训练自己立刻行动的特质，只有拥有了这种特质，你才可能逐渐走上成功的道路。

执行的路上肯定有困难，但是一定要相信，方法肯定要比困难多，多想办法，想出不同的方法解决问题，这样才可能真正实现自己的想法。只要知道我们需要达成的目标是怎样的，就不要畏惧困难，更不要退缩；不断寻找方法，解决难题，只有这样我们才可能最终实现梦想。非凡的执行力是一个人成功的关键，30岁以前，我们必须让自己具有这种能力。凡事都可能完成，不要找借口，只要积极寻找方法，相信我们就能解决所有困难。

想法、目标每个人都会有，计划有的人有，有的人还不完善，而执行的人却没有几个，这就是为什么人们的差距会这么大。不同的人有不同的执行能力，我们一定要不断训练自己，直到自己能够做到在执行之前就想清楚所有可能出现的问题，最终朝着我们的目标前进，这样才能更好地完成任务。把想法变成行动，变成结果，是一种非凡的能力，有的人善于做具体的事，善于落实；有的人则不善于——不善于也没有关系，只要你能够找到善于帮你落实目标的人去执行，也是一种方法。

不过，在此之前，你一定要有立刻行动的决心，坐而言、坐而思只能形成方法，起而行才可能有成果。

勇往直前，敢于竞争

现代社会是个竞争的社会，一个人是否有竞争力，将决定他在这个社会上处于什么样的位置。一个人是否有竞争力，是由他自身的勤奋程度、危机意识、本能好奇心和定力来决定的。如果不注意这些，即使是现在能力很强大的人，也会被时间淘汰，变得毫无价值，毫无竞争力。

一个年轻人在同龄人之间是否有竞争力，一部分取决于他的学历——这不可否认，因为学历代表着他过去付出了多少努力，也代表着他的理解、接受能力。一个企业中，不同学历的人往往处于不同位置，这是社会现实，否认它没有任何意义。当然，这是很多人一旦走上社会就无法改变的一部分，就算能够改变，也需要花费很多的时间和精力。另一部分则取决于自身的努力，自身的努力能够改变很多事情，只有明白你的核心竞争力在哪里，你才可能取得人生的决定性胜利。

怎样加强一个人的竞争力？这是因人而异的。每一个人都有不同的天赋，这是人为修炼所不能改变的，就像有的人打麻醉剂无效一样，最重要的就是找出上帝赋予你的那份天赋，并加强修炼这部分的内容，这样才能塑造你的核心竞争力。怎样找出这部分内容呢？有的时候，我们觉得一个人特别容易和人交往，交际能力特别好，而他自己却不觉得自己有异于他人的禀赋，只觉得很平常。一个人的优点往往是别人更易察觉到的，所以，你不妨试着征求周围人的意见，并特别注意自己适合做哪方面的事。事实上，我们接受教育、学习那么多课程的目的就在于此。

在平日里，我们要注意自己在下列几个方面的能力是否超出常人，接受得又快，实施得又到位。如果你看到了自己在某些方面的天赋，一定要在这方面努力，并且注意训练，以力争比别人高出一筹，比别人更有竞争力。

学习力：学历代表过去，学习力代表将来，现代社会是一个信息更替非常迅速的社会。如果你的学习力非常强，那就代表你的头脑能够非常快地整理和接收传到你脑部的信息，并迅速形成一个印象，这样的头脑更适合于在信息高速更替的行业如IT业发展。因为你接受新事物的能力很强，能够迅速接受大量信息，且能够快速更替头脑中的信息，在这个行业肯定有着更大的竞争力。

创造力：不可否认，一个人的创造力很大部分是天生的，有的人天生就有创意，能够把所有的想法整合在一起，创造出新的事物。当然，这和想象力有关，但绝不是单纯的想象力，如果你总对事物有新的想法、新的观点，有很多“鬼点子”，那说明你的创造力很不错，这样的你适合在广告业等行业生存。

分析推理能力：思维严谨，分析推理能力和逻辑能力强的人，适合在数学、物理、化学等自然科学方面发展。

财商和情商：这两者不可分割，尤其是到了人生的后半段，几乎是人脉决定了你能赚多少钱，做出怎样的成就。这个社会，赚钱已经不仅是拥有赚钱的眼光那么简单，有更广的人脉决定了你可以让资本运转更快。

影响力：一个人有怎样的影响力，常常取决于他的自信、自强和挑战精神以及社会责任感，有些人天生就具有领袖素质，他们能够通过自己的气质最快地获得人们的认同和敬畏，感染别人，对别人的思想和行为产生影响。

当你明确了自己在哪些方面有优势后，就应该不断对你的优势加以训练，把它变成你的核心竞争力，这样才能在你所在的领域保持更大的优势、更强的竞争力。

保持竞争力的方法可以有很多种，勤奋修炼只不过是其中的一种。如果想一直在某个领域处于领先地位，就要有一定的好奇心和危机意识。好奇心让我们探索出更多解决事情的方法，让我们对新方法、新事物、新信息保持最敏锐的触感，让我们不断探索钻研。危机意识，让我们保持警惕，不会怠惰，能够“生于忧患”，时刻保持警醒就等于保持我们竞争的状态，有竞争意识的人将不会落在社会的后面。

竞争力是年轻人的一个强项，对于30岁以前的年轻人来说，青春就是资本，只要敢于挑战，就能拥有最强的竞争力，在社会中拥有自己的一席之位。

良好的沟通力是迈向成功的巨大推力

沟通力是我们和其他人合作或者聊天交往的基础，一个人如果沟通力较强，大家就很容易明白他的意思，很容易明白他需要什么、他希望得到什么、能够付出什么；他也很容易清楚别人的意愿，满足别人的需求，这样双方都能够得到满足。有的人沟通力较差，别人和他说起话来总是很费力，他不明白别人所说的，也不能让别人明白他的要求，以致形成一种“鸡同鸭讲”的尴尬局面，让双方都不能得到满足，甚至产生误会。

其实，沟通是一件很简单的事情，两个人互相沟通，说白了就是让双方都弄清彼此的意图，然后满足双方的要求，所以，沟通就是弄明白对方需要什么，你能够提供什么，你能够提供的和他所需要的有哪些差距，双方能够在哪些方面达成共识，在哪些方面有异议，怎样才能拿出一个折中方案，让彼此都退一步，从而达成共识。

与人沟通时，需注意以下几个方面。

第一，沟通方式。如果沟通方式不正确、混乱，别人就会听不懂，沟通通道就会堵塞。这就像两个异国的人都不懂彼此的语言，中间有没有翻译，你能奢望两个人能坐下来好好聊一番吗？所以，说话要让听的人能够听明白、听懂。现在有很多业务员都陷入一个误区，他们讲话都讲些“术语”，业内的人很容易就明白，可大多数消费者往往弄不懂产品究竟对于自己有什么好处。

前几天我去买空调，业务员一上来就讲了“我们的空调是铜管的，× ×家的是铝管的，这台虽然贵但是变频的”。我不懂得铝管和铜管有什么分别，也不懂得变频有什么好处，结果只好告诉他“我的房间15平方米，想选一个冬天取暖的、省电、质量好、用得久、性价比高的空调”，于是很快就达成了共识。

第二，不要自说自话，在心底弄清楚对方到底想干什么、想要什么。这一点很重要，如果你一直在自说自话，你的想法就不能得到对方的认同，大家的沟通就无效。讲一个小笑话，我当年在工厂中上夜班，大家都困得睁不开眼，于是我们就想办法聊天不让大家睡着。我问：“吃饭的时候，那个圆圆的东西是什么啊？”有人迷迷糊糊地说“鸡蛋”。“那怎么那么小啊？”“不小啊，我都给吃了。”“好吃吗？那真可惜，我都给扔了，你怎么吃的啊，那么硬，我都没剥开。”“挺好吃的……”结果旁边有人撑不住扑哧一声笑了，大家都醒了。原来我说的那个东西是“豆蔻”，一种香料，因为没见过也不敢反驳，那人说的是鸡蛋，因为迷迷糊糊的，结果我们就鸡同鸭讲地聊了半天。

很多时候，我们都会作无效的沟通，跟这个情况差不多，并非大家的脑袋不清楚，而是弄错了对方所说的对象。老板说的是“这个月公司效益不好”，实际上指“你们不够用心”，下属们却可能理解为“不会是奖金没了吧，薪水会不会受影响”。

第三，正确理解别人的意图。这一点很不容易，因为大家的意图都藏在话里面，有时候不那么直白，这时候一定要清楚这句话意味着什么，而不要以自己的意志去理解。

记得有一个小故事：一个小公主病了，她娇憨地告诉国王，如果她能拥有月亮，病就会好。国王立刻召集全国的聪明智士，要他们想办法拿月亮。

数学家说："月亮远在三万里外，又圆又平像个钱币，有半个王国大，还被粘在天上，不可能有人能拿下它。"

一个小丑听说了这件事，他认为，当务之急便是要弄清楚小公主心目中的月亮到底有多大、多远。于是，小丑到公主房里探望公主，并顺口问公主她心目中的月亮是怎样的，结果公主回答他"月亮大概比我的拇指指甲要小一点，比树梢还要矮，是用金子做成的"。

比拇指指甲还要小、比树梢还要矮、用金子做的月亮当然容易拿啦!小丑立刻找金匠打了个小月亮，穿上金链子，给公主当项链，公主很高兴，第二天病就好了。

人们常常很少关注说话者的真实需求，而是完全按照自己的意愿做事，结果费了很大劲，效果却并不好。年轻人尤其应该注意，当上司交代你一件事情、一项任务时，你应该重复一遍上司的要求，确认自己想做的是否符合上司需要。事前的沟通很重要，否则，任务做完了上司却不满意，更浪费精力和时间。

很多人都把沟通力等同于交际能力，这其实是一种误解，沟通力只是交际能力的一部分——当然，是最重要的一部分。想要和一个人愉快有效地沟通，就要说对方想听的，听对方想说的。首先透过赞美、认同、询问等方式弄清楚听者想听什么，然后以对方感兴趣的有效的方式表达出来。这就是沟通——第一步是倾听，第二步是理解，第三步是表达。

能够有效地和别人沟通，就能节省很多时间和精力，避免很多误会，让人觉得你是一个善解人意的、值得信赖的人。沟通力能够为我们的成功节约很多成本，建立很多信息渠道，年轻人一定要学会愉快有效地沟通，这样才能够更快获得成功。

善于展现自我，让别人看到你

推销力不仅是展示产品、展示企业的一种能力，同样也是展示自己的一项能力。很多人把推销力理解得很简单，以为只是推销产品的能力，这没有错，但是不全面。知道客户为什么会购买一项产品吗？一部分原因是对推销员所介绍产品的喜爱，另一部分则取决于对推销员的信赖。

这不是无稽之谈。乔·吉拉德是世界上最伟大的汽车销售人员，他平均一天卖6辆汽车，收入比很多大企业老板都要高。据说从乔·吉拉德那里购买汽车有时需要等待一两个月，但是人们都乐此不疲，就因为他对待客户的真诚产生了巨大的转介绍的效果，每个人背后都有250个人，人人都愿意给他做免费的广告，所以他的生意一直非常兴隆。因此，几乎每个推销员都知道一句话："首先推销你自己"。

推销力是一个人让别人信任自己、认可自己并同时认可自己推荐的产品或服务的基本能力。如果这个人能够做到让所有认识他的人都认可他，都尊敬他，那么这个人不成功都不可能。推销力在很大程度上就是展示自己的能力，如果你能够把产品推销出去，那就应该能把自己推销出去。如果你能够完美地展示产品和公司，你就能够完美地展示自己，除非你的质量有问题。

每个人的推销能力都不同，有的人能够在几句话之间就让别人对他建立一种可以信赖的印象，继而相信他会满足自己的需求，相信他的产品对于自己来说是最好的。有的人给人的印象则是油嘴滑舌、虚伪，就算他的产品非常好，对方也会因为对他本人的印象不佳而拒绝他。而有的人虽然让人感觉很真诚，可是为人木讷，不善言辞，因此客户对于产品的了解也不可能全面，更不可能产生购买欲望。怎样增强自己的推销能力，在展示产品的同时更好地展示自己？

首先，态度要真诚。真诚的态度是一个人获得别人认可的前提。如果一个人看起来就谎话连篇、夸夸其谈，那么大家肯定不会相信他。这样的人本身就有品质问题，他处世都会被别人讨厌，本身就是一个笑话，怎么可能要求别人的认同？

用真诚的态度展示自己，即使你现在并不成功，或者你本身不善言辞，也有可能让大家在长时间的接触过程中了解你，有感于你的真诚，从而真正佩服你。一个人无论展示自己的愿望是否强烈，是否精于表现自己，首先必须都真诚，如此才可能让众人认可他。

松下幸之助13岁那年，到一家脚踏车店做学徒。有一位叫铁川的老板想买一辆脚踏车，松下幸之助被派去做推销。到了铁川家，松下幸之助全面地介绍了脚踏车的性能及注意事项，铁川先生非常满意，他决定买下这辆车，但要求打九折。

他知道老板不可能同意，但还是满头大汗地跑回脚踏车店恳求老板九折出售。老板严厉地说：“绝对不可以，有了打折的先例，以后生意可怎么做？何况，我们的脚踏车非常畅销，根本没有打折的必要。”松下幸之助失望地回到铁川家，向铁川老板身鞠一躬说：“真对不起，我们老板不肯九折卖。”说着，他的眼泪流了下来。铁川先生被感动了，他拍拍松下幸之助的肩膀说：“看来你是真心实意要做成这笔生意了。好，我买下了！”正是凭借如此诚恳的态度，他一次次推销成功，最后在商界取得了更大的成果。

其次，推销的热情。一个人如果对推销本身不感兴趣，那么他做起推销来就会非常冷漠，对方也就产生不了购买的欲望。一个人如果不热衷于表现自己，那么别人就不可能轻易认可他。因为，他自己都不自信、不尊重、不看重自己，别人怎么会看重他呢？想要完美展示自己，必须有高度的自信，有展示自己的热情。

最后才是技术问题，如怎样沟通才能让自己更受欢迎，怎样表现自己才能更被大家接受、认可等。完美展示自己的能力，会让一个人拥有超乎意外的影响力，会让所有的人都认可他。只要确认自己的能力和品格没有任何问题，你就应该热衷于展示自己，表现自己，这样的实践可以让你锻炼自己的推销力，最终让你成为受欢迎的人。

第9章 认清自己，经营自己的优势更能实现卓越

忙碌的人生是充实的人生，但并不是所有的忙碌都会有成果，一个人的忙碌状态决定了他能够有多大的成就。成熟的忙碌状态是有适合自己的方向，勤于思考，而又有章有序的。成熟的忙碌状态可以让我们不仅有策略，还有成果，不但有充实的工作，还会有丰富多彩的生活，会让我们在工作和生活之间，在忙碌和享乐之间，在成就和健康之间，找到最佳的平衡点。只有这样的忙碌状态才值得提倡，只有这样的繁忙，才是健康的、成熟的繁忙。

择业要将兴趣这一因素考虑在内

年轻人总喜欢自己处在忙碌的状态，认为这样就证明自己在重要的岗位上，有一种到处被需要的成功人士的感觉。忙碌的状态没有错，但一定要忙而有目标，一定要向着一定的方向努力、忙碌，否则就容易陷入茫然，陷入生活的迷雾。忙碌没有错，但一定要忙而有顾，要围绕着自己的兴趣爱好选择自己的职业。

在工作中，能够从事自己最喜欢的事业，那是一种境界，是一种福气。有人说工作要“爱你所做的”，这没有错，如果自己本来并不喜欢某个职业，可无奈，只能在这个职业中打滚，那爱你所选就是一种无奈的安慰，虽然遗憾，但总比虽然每天都在做，却每天都想摆脱的状态要好得多吧！这大概就像一场不是很爱但试着接受并且爱上的婚姻，总觉得有点勉强。当然，最好的状态就是因为喜欢所以选择，因为选择而更加喜欢。

一个人能够为自己喜欢的事业做点事情，感觉是很幸福的，如果在自己喜欢的职业上取得了成功，就会更加满足。围绕自己的兴趣爱好选择职业，可以让人生少很多遗憾。一个人对一件事情感兴趣，如果始终没有进入这个行业，无论多么成功，他总有一点淡淡的遗憾。

李嘉诚就曾经说过这样一段话："对我自己来说，我曾经经历过几个不为人知的夜晚。我自己其实不是喜欢做生意的人。我在1950年开始做生意时，我是预备三四年就可以让这个企业在短时间成功之后，把这个公司卖掉，然后拿这笔钱跑到学校再去读书。我父亲、祖父、曾祖父都跟教育离不开的，他们都是读书人，因为战争和贫穷，我到香港是无法读书的，我在10岁已念到初中了，我小时候还是喜欢念书的。我以为做几年的公司再去念书，但是我需负担整个家庭。但后来发生了一个意外，生意伙伴亏了钱，我不得不继续做下去。"

可见，即使成功如李嘉诚者，也会觉得有遗憾，原因就在于他没能够在自己喜欢的、感兴趣的领域做过事情，当然，后来他修建了许多中学、大学、图书馆等来弥补他的遗憾，我们不妨把这些看作对心灵的一种安慰。如果李嘉诚真的在教育方面发展过，可能他并不那么成功，但他肯定会更愉悦。

每一个领域，进入一个阶段以后都会变得枯燥乏味、平庸至极，人们凭什么可以熬过这一阶段？有人靠毅力，有人靠兴趣，我想靠兴趣熬过这一阶段肯定要容易得多。因为好奇着前面还有怎样的奇景，因为对某个领域是衷心热爱着的，这样的情感可以帮助你更容易克服枯燥的感觉；而如果真的凭毅力或者麻木，那该是多难熬啊！一个人肯定会对自己喜欢并且选择的职业更加投入，这就是负责吧。

30岁之前，一定要找到自己真正感兴趣的职业，当然，每一个人的兴趣都是广泛的，但是你很难有机会接触自己所有感兴趣的行业，充其量有两三个机会供你选择，找出你衷心热爱着，且在这方面有一技之长的职业，专心地做下去，最终才可能成功。

芸芸众生，整天忙忙碌碌，有些人忙些琐事，有些人埋头于自己不喜欢的机械枯燥的工作，为的仅仅是可怜的薪水。如果你一边忙着自己不知道是否喜欢的工作，一边想着自己喜欢的职业是什么样子的，那对你的工作专注度是有很大的影响的。与其将来一边想着工作，一边想着“如果当初我选择了××工作会怎样”，不如在职前就作好慎重的选择；或者多从事几项职业，找出自己最喜欢的、最感兴趣的，然后留在那个行业里开心地忙碌。

还记得“南辕北辙”的故事吗？在一条不正确的道路上前进，你越忙，跑得越快，目标就会离你越远。弄清楚怎样的道路才是达到自己终极目标的道路，弄清楚哪条路对于自己来说才是正确的路，对一个人至关重要。年轻人可能无数次地走错路，这都没关系，只要在那条路上走得还不太远，每个人都可以选择回头。忙而有顾，这个“顾”就是希望大家在忙碌的时候能够抬头环顾一下自己选择的路是否正确，是否适合自己。

哪些可以作为职业，哪些仅可以当作业余爱好，每个人都有自己的判断，在那些你可以走得很远、走得很坚决而又能够维持最基本的生存的道路上走，你才可能一路开心，才可能有所成就。成熟的人懂得用自己的理智和直觉平衡地选择自己的职业，这个职业既是自己热爱的，又是自己可以走得很远的。

带着大脑工作，效率更高

成熟的忙碌状态，应该是一边忙碌一边思考的，不应该像无头苍蝇那样，到处乱飞乱撞。古人讲究“学而有思，思而有创”，其实，无论做什么事，一边忙碌一边思考，或者用思考指导行动，才是正确的方式。做事不能机械，选择人生更不能盲目乱撞，一定要真正清楚自己想要的到底是什么，才能够做得好。有所思，才能有所为。

年轻人要善于思考，如此才能在思考中找到方向，得到长进，总结出经验，那些未经过思考就作出的决定一定是不理智的。不要整天忙于庸庸碌碌的事情，一定要抽出一段时间思考，决定前，要思考怎样做才能对自己最有利；决定后，要思考怎样落实才能最快、最有创意；落实的过程中，还要不断思考怎样才可以省心、省力、省时间。总之，思考应该成为年轻人的常态。

“忙”是实践，“思”是指导，人们常说“多经一事，多长一智”。忙的时候，也是智力增长的好时机，但如果仅仅是做事忙碌，而不屑于思考，恐怕也难有大的长进。我们要重视实践，也要注重对实践过程和结果的反思，如果能够一边实践一边反思，就能够更多地掌握规律、积累经验。

在人生的事业转折途中尤其如此，当不知道自己到底想要的是什么的时候，我们常常做无用功。有一个或者多个明确的目标，可以让我们的前进方向更明朗，让我们做事更加义无反顾，走更少的弯路。

现在开始想一想，什么是你想要的成功，什么是你想要的人生，金钱、地位、名声？这些都是工具，是载体，你到底需要什么？美国社会心理学家马斯洛曾经提出“需要层次论”，把人生的需求按照重要性和层次性排成一定的次序，分别为：生理需求、安全需求、社会需求、尊重需求和自我实现需求。没有必要详细解释它们是什么意思，你只要在这五类当中选择出你希望的理想状态就可以了。

例如，你希望自己处于一个怎样的生存状态？是只要满足最基本的物质需求就可以了，还是希望得到更高级的享受？很多成功人士，他们对于生存的需求可以说是很简单甚至朴素的，没有人可以在这五方面得到完全的满足。如孟子所说的“舍生而取义”就是为了满足自己的被尊重需求而宁可舍弃生存。明白自己想要什么，你就会对自己想要怎样的生活有一个大致的描述。

例如：我想要成功，不计一切手段，那就是说你必须舍弃一些享受——起码在事业刚刚开始的时候——如度假，享受更多美食等。例如，我想要趁着年轻享受生命，享受一切美好的东西，那可能就意味着你暂时要舍弃很多东西，如拥有大笔财富的安全感，有工作的喜悦感等。

懂得自己想要什么，懂得自己必须因此而舍弃什么，这对于年轻人来说非常重要。因为这是你忙碌的目的，是你最终要到的地方。如果你从没想过到哪里去，你就不会知道哪条路是对的，你也就无所谓达成目标，最终也就没有成就感。

现在开始，常常在闲暇的时间想一想，自己真正想要的到底是什么。当然，不同的人生阶段有不同的需求。弄清楚自己目前阶段最需要的，可以帮我们更有目的、更明确地做事。我们必须想清楚，成功对于我们意味着什么。是数不清的财富？是我们能够靠自己的能力完成一件事情的满足感？是人们羡慕、信任的目光？是拥有一个幸福的小家，且我们能够对这个小家负责，提供小家中每个人需要的幸福感？

把自己的需要具体化、视觉化，才能让你在前进的过程中不被迷惑、不走弯路。我们还要在做事的时候想清楚：怎样做，我们才能获得更多的技巧？运用怎样的技巧，可以把想做的事变得更加简单明晰？在思考和实践的过程中不断增长智慧，然后用智慧去指导自己的行为，这才是忙碌的正常状态。

一个成熟的人，应该在忙碌之前想清楚自己为什么而忙碌；在忙碌的过程中想清楚自己怎样才能让自己不那么忙碌，做到忙中有闲、忙而有成。忙碌中的思考，最有利于增强我们的谋划、驾驭、应变能力，年轻人应该做到忙而有思，不能碌碌无为。

在自己熟悉和擅长的领域更容易成功

一个人可以忙碌的事情很多，如果你对于每件事都要自己动手，那就永远没有空暇时间。忙碌也要有选择，在你最熟悉的领域，做你最拿手、最熟悉的事，可以让你事半功倍，总是有很强的成就感。

如果一个人总是感觉自己不够完美，忙于弥补自身的缺憾，做自己不熟悉、不擅长的事，他就会有一种特别挫败的感觉。这种挫败感会让他对生活甚至对自己丧失信心，陷入晦暗的境地。

有一位女强人小A，结婚后为自己厨艺欠佳而耿耿于怀。其实，她是一个很优秀的女人，她很聪明，也很勤奋，有创意，为人也温柔大方，无论对于生活还是工作都有自己的一套，有她独特的品位和情怀，她的小家也很温馨。但是，她不能原谅自己照顾不好丈夫的三餐，无奈只得去参加“主妇培训班”的课程，可能因为她真的没有天分，把耐心很好的老师也惹得频频发火。作为一个女人却不会做饭，她觉得自己真的是“失败的女人”。最终，还是她的丈夫帮她走出了这种挫败的境地。她的丈夫告诉她，“你已经很好了，我要的是妻子，不需要厨师”。

是啊，对于那些不熟悉、不擅长的事，你也要勇敢地说一声“公司需要的不是……”，公司之所以聘请一个人，看重的是他擅长做的事、熟悉做的事，是这个人能够用自己熟悉做的事给他们创造的效益，而绝不是他的完美。这个世界上没有完美的人，每个人总有一些盲点和遗憾，每个人总有一些做不好，甚至是欣赏不了的事。

有时候，待在自己的位置，做自己熟悉的事，不要制造混乱，就是在帮别人的忙，尤其当这个人在某些方面特别有天分，在其他方面却一窍不通，甚至是“混乱制造者”的时候。

记得有个小故事：当年杨振宁在美国学习的时候，开始就在实验室，但因为他的动手能力实在太差，做实验时经常发生爆炸，当时实验室流传着这样一句笑话，“哪里有爆炸，哪里就有杨振宁”。最后，在泰勒博士的建议下，杨振宁放弃了写实验论文，把主攻方向转到了理论物理研究，最终获得了诺贝尔物理奖。

没有一个人是完人，一个人只有在他熟悉的领域做熟悉的事，别人做三天能做好的，他一天就能做好，他的特长才能得到发挥，他的人生才能实现最大的价值。如果一直做自己不熟悉的事、没有天分的事，别人一小时能做好的，你一天才能想明白，那你肯定会落在后面。陌生对于每个人都意味着“风险”，害怕这种风险是一回事，不去冒这种风险是另外一回事。

隔行如隔山，只有对某个行业熟悉到一定程度，你才会发现其中的机会。每个领域都有人成功，但谁也无法在短期内就获得巨大的成功，做自己最熟悉的事，就是把自己选择的成功之路变窄，从窄窄的门里走进去，你才能走得更远，走得更深入。

很多年轻人喜欢在多方面发展，如果你在某个领域熟悉透了、成功了，可能对它边缘的领域也有一点心得，这就是所谓的“触类旁通”。每个行业到了顶尖，道理都是相通的。可是如果一开始就想在两个毫无关联的领域并驾齐驱地发展，恐怕你很快就会尝到失败的滋味。实际上，那些最成功的人，他们真正负责的事情是很少的，他们只做自己最熟悉、最精专的事。

万通集团董事局主席冯仑说，自己就干三件事：看别人看不见的地方，算别人算不清的账，管别人不管的事。看似高深，实则朴实，是一种复杂化以后的简单，是一种难得的境界。如果我们能够达到这种境界，就不会一直焦头烂额、毫无所得了。

选择自己最熟悉的领域，做自己最擅长的事，你才可能快速地成功。最短的路就是最熟悉的路，最快的做事方法就是自己已经熟练了的方法。选择做最熟练的事，不为难自己，才是成熟的人应有的境界。

制订工作计划，让工作有据可依

想做到忙而不乱，就需要章法，需要流程。我们为什么要按照流程做事？除了能够不让事情显得混乱以外，还能够让我们少出错，就算出了错，也能够让我们以最快的速度找出漏洞，并弥补好。这就是照章做事的好处，繁星动而不乱，百舸争流且不塞，皆因有章法、有顺序，才会忙而不乱、有条不紊。

年轻人做事常常做不到这一点，他们喜欢随心所欲地做事，想到什么地方做到什么地方。有的人甚至只知按照上司的吩咐做事，往往是直到上司向他要这个案子，他才想起来，“不好，昨天一忙就把这件事忘了，案子刚刚做了一半……”于是放下手头的事情，开始忙上司要的东西，等这件东西刚做完，好不容易喘口气吧，又来催命的了……于是总是把自己忙得焦头烂额，还整理不出一个头绪来。

这样做事，既不容易出成绩，又容易给人造成这个人随性、邋遢、能力不足、难成大事的印象，这对他的职场生涯是极为不利的。

想要让自己表现得井井有条，做事明快果断、利落、不拖泥带水，就要养成按照流程办事的习惯。首先，要学会制订计划。每个人都有忙不完的事情，而这些事情不可能在一天内全部完成，一份详细的计划，是让事情按照自己的意愿进行的前提。

做计划也要讲究方法，如老板交给你一项任务，你首先要弄清楚，这件事情最晚什么时候必须解决，在之前的一两天就把整件事情办好交给上司。然后衡量这件事情，大概要进行多长时间，把每天的工作量都安排出来，按照事情的重要程度安排日程表，当然，其中因为流程问题而可能拖延的时间也要计算在内。例如，很多单位星期六是不办公的，如果忘了这一点，就很有可能造成被动。

计算好了整体的安排以后，还要对自己每天完成多少工作量，哪件事在前、哪件事在后，有一个基本的安排。对于年轻人来说，最大的浪费就是因为繁乱而造成的时间浪费。很多事情人们归结为“忙中出错”，其实都是因为没有按照流程做事，以至于出现漏洞，最后漏洞越来越大，造成不可避免的损失。

曾经看过一个银行存款失窃案，其原因不过就是银行的操作员在为客户办理存款开户时，客户手续不全，缺单位的税务登记证和机构代码，也没有单位负责人的授权委托书。但因为该客户是银行行长的弟弟带来的，所以操作员没有按照流程操作，违规开户，最终让不法之徒有机可乘，造成了客户1500万元的损失。

当然，其中还有很多细节问题，如客户资料没有妥善保管，违规对账等，最终导致了一个无法收拾的局面。一个国有大银行，居然在如此多的地方存在如此多的管理漏洞，仅仅因为“人情”二字，就给客户造成了如此大的损失，实在令客户寒心。而此事又会对银行的信誉造成怎样的影响，银行于潜在中又失去了多少客户，这就是不好计算的了。

30岁以前从事的事情，看似没有那么至关重要，但如果不照章办事，轻则让事情杂乱无章、没有眉目，重则让自己无意中犯下重大的错误。没有一个人能不犯错误，尤其当一个人凭感觉做事的时候。每一个企业的规章制度，每一个行业建立的流程，必然都有它的合理性，都是经过前人千锤百炼才总结出来的管理理论，都是经过无数次的整合和实践才总结出来的行之有效的方法。

就拿简简单单的流水线作业来说吧，20世纪初，在福特汽车厂内，专业化分工非常细，仅一个生产单元的工序就多达7882种。

福特通过反复实验，确定了一条装配线上所需的工人数目以及每道工序之间的距离。这些全是通过最精确的数字计算和反复实践的结果，不要看不起这些，打乱一个小细节，整个流水线就会瘫痪。

做事情，如果随心所欲，在平时可能仅是有点忙碌，手足无措，可一旦到了真正需要相互配合、严丝合缝地协调工作的时候，这种杂乱无章的状态就会带来很大的乱子。所以，忙也要有章有序，从现在开始，分析造成混乱的原因，通过科学的方法来调整混乱的状态，从而有效率地工作。

别瞎忙，忙也要忙在点子上

一个人如果忙在点子上，那么就很容易看出效果，可如果总是忙不到点子上，那就会看起来很忙碌，却一点成效都看不见。每个人的时间和精力都是有限的，如果总是在处理那些可做可不做的事，就看不到你的成绩，“好钢用在刀刃上，好活忙在点子上”。

这就像做菜，如果你一直在忙那些洗菜切菜的活儿，就算你做得再好，菜也不是你做出来的，功劳也不归你。五星级大饭店的大厨师，只做最挑剔的客人点的几道重点菜，而他们却是饭店最不可缺少的人。功劳最大的人一定不是最忙碌的，而是那些平时看起来并不忙，关键时候却能够出得上力的人。

我有个朋友在超市做推销工作，平时除了推销之外，他和几个同事还要负责清扫和配货、搬货等。我的朋友不擅长处理这些杂事，可他很善于推销物品，就总是待在离门口最近的地方等待顾客；而他的同事很不情愿和顾客打交道，只得做那些杂务。到了月底，因为提成，朋友总是拿到最多的薪金，同事们心有抱怨，告诉老板他不做杂务，我的朋友也觉得不好意思，只得要求老板把底薪撤掉，只凭提成拿薪水。可就算这样，他的薪水仍然高于一般同事，不久他就做了他们的领班。

所以，一个人有没有成就，有没有功劳，绝对不是根据他的忙碌程度来计算的。有人喜欢说“没有功劳也有苦劳”，但如果年轻人也心安理得地这样说，那就是在堕落。在这个现实的社会，没有功劳就没有一切，不管你有多辛苦多忙。“劳而无功”是最大的失败。

怎样让自己忙到点子上呢？那就要看你所在的部门最重要的事情是做什么，或者每天都有哪些重要任务，不要在无关紧要的事情上多耽误时间。当然，对于一个刚刚进入公司的年轻人，大家可能不会把多重要的事交给他。在做好做完美那些“白痴都能干好的事”之后，不要顺手扫地擦桌，如果你不是第一个月进公司的话。

不妨看看周围的人都在做些什么，不妨向上司汇报一下你的工作，与其交流一下你的想法，看看你还能在哪些事情上帮上忙，或者想一想公司最近有什么动向，有什么决策，主动争取一些任务等。如果你在业务部门，那就明确多了，你的终极任务就是争取更多的订单，或者推销出更多的产品，把你的公司介绍给更多的人。

一个人是否忙到点子上，不是看他是否做好“分内的事”，而是看他在“分内的事”之外还做了多少、做了什么。在岗位上，没有人能够明确地告诉你，你要到底要做什么，别人只会告诉你，你把这件事做好，你把另一个方案忙一忙，至于做到什么程度，谁都不可能规定。很多时候，有的人忙，是因为别人都把自己分内的工作推到了他的头上，使他分身乏术，想要忙到点子上也不可能了。

年轻人肯定会遇到这样的事，若是同事拜托你的事，你可以拒绝，但如果是领导让你做呢？那真的可能让你忙得焦头烂额。与其这样，不如工作只做一半。例如，上司让你把某个案例做一做，你只要拟订好大概计划或提纲，然后做出重点提醒别人就足够了。具体的细节你可以推托分内的事情还没有做完，而把余下的环节留给上司，交给有时间的人去做，或者交给你目前正在带的新人。这样并不为难，既锻炼了自己的能力，又不会让自己消耗过多的精力在繁杂的事务上。

其他的事情也是这样，不仅是工作，家庭中的事务也一样。你不可能每天抽出时间大扫除，也不可能每天都有心情请客吃饭或者浪漫一番，做到点子上对于你来说至关重要。打一个电话只需要花15分钟，可把这15分钟用到哪里效果是不一样的：用于和恋人情意绵绵，他只会觉得你敷衍——有时间不如约出来一起吃顿饭；用于和客户聊天，他会觉得你不尊重他——你应该在工作时间上门拜访；用于和爸妈聊天，亲人会感觉很幸福——孩子这么忙居然抽出时间打电话，亲人会非常感动。

每天写几行文字，你会变得丰厚；每天做几分钟运动，你会变得更健康；每天多工作、思考一小时，你会变得更成功。时间用在哪里，你的收获就在哪里，我们要学会把时间用在能够积累自己、容易收获、让自己变得更丰厚的地方。

有重点地工作，让一切井然有序

做事情只有忙而有序，才能有张有弛从容不迫。面对繁杂的事务，一定要排个计划，分出轻重缓急，然后逐一落实。这就要求我们用到一个重要工具——日程表。日程表是一个成熟的职场人士必不可少的东西，有了它，我们甚至可以把自己的每一秒钟都充分利用起来；有了它，我们可以将最重要、最繁复的事情安排在自己精力最充沛的时间段来做；有了它，我们的做事效率能够提高很多。

每个人每天都要处理很多事情，这些事情有的需要马上就做，有的需要今天做一点、明天做一点，慢慢积累着做，有的很简单，只要5分钟就足以搞定，有些要花费我们整整一个上午的时间才能处理好。怎样安排各类事务？美国某公司总裁给年轻人提供了很好的借鉴：美国某汽车公司总裁莫瑞要求秘书将呈递给他的文件放在颜色不同的公文夹中。红色的代表特急，绿色的要立即批阅，橘色的代表这是今天必须注意的文件，黄色的则是必须在一周内批阅的文件，白色的表示周末时必须批阅，黑色的则表示是必须他签名的文件。

如果你也能够给自己做一个计划表，把一段时间内，如一天内需要做的事情计划出来，然后合理安排一段时间来做某件事，事情就能进行得有条不紊，你处理事务的效率想必也会大大提高。制表的要领是，把你每天需要做的事情都写下来，然后根据事情的重要程度和紧急程度作一下分类，例如：

紧急但并不很重要的事情：这类事情很紧急，往往刚一上班，上司就紧催着要，但是它的重要部分已经完成，只剩下诸如签字或者复核之类比较简单的事情，你首先要处理的就是这一部分内容。因为，从一个悠闲的状态进入一个紧张忙碌的状态，是需要一个过程的，如果这时候作重要的决定，往往会比较草率。做一些紧急的、简单的工作，对于你来说相当于运动前的热身，是有很大必要的。

重要且紧急的事情：这类事情对你来说是最重要的，而且是当务之急，只有迅速解决完，才能顺利进行别的工作。这种事情紧急而重要，你必须把它们处理好，不能再拖延。这样的事情我建议在热身完后立即处理，因为这个时候你已经进入工作状态，精力是最旺盛的，注意力是高度集中的，思路清晰，思考速度也很快，把紧急而重要的事情放在这个阶段做，会既谨慎周密，又快捷高效。

重要但不紧急的事情：总有一些事情是不紧急的，但它关系到你的长远发展，而且它需要你日复一日地慢慢去积累、去做。因为它们没有规定的期限，或者期限比较远，没有人催促，你可能就会一直拖下去。这些事，我建议放到我们悠闲、时间充裕的下午去做，因为有空暇，如果工作本身又比较繁复、耗时，但并不需要花费大量的精力和高强度的注意力，那么，用下午时间来处理这样的事务再适合不过了。

不紧急也不重要的事情：总有一些这样的事，根本不需要处理，随着时间的流逝，这件事情自然就没有意义了。或者不需要即时处理，只要在闲暇时间顺手做一下就好了。例如，浏览报纸的娱乐版块，整理一下书桌，做做准备工作等。这些小事情，只要在喝水休息的空当，顺手做一下就会做得很好，没有必要为这种小事单独安排时间。

意外的事：每天都难免要处理一些意外的突发状况，它会打乱你的日程表，花费你很多精力和时间。如果意外状况没有紧急重要到必须马上处理，那么，当你的工作进展到一定阶段后再处理它是最好的。如果比较紧急，也比较简单，那就马上处理，然后再回到工作状态，这才是最好的方法。总之，要视意外的紧急程度和复杂程度而定。

每个人每天都有很多必须要处理的事情，把事情分出轻重缓急，用全部的精力和黄金时间应付那些最重要的事情，才可能提高你的工作效率。这样才能做到忙而有序、有张有弛，说不定还能忙中偷闲呢！

完善你的工作，工作切忌虎头蛇尾

很多年轻人整天都在忙忙碌碌，可就是看不到一点效果，看不到一点成就。事情做到一半，或者仅仅有计划而没有落实，效果跟没做是一样的。做事最怕有头无尾，有决策而没有落到实处，没有人会在意你在工作的过程中付出多少辛苦，或者有了多大的进展，他们要看的是你的成绩。所有的老板都会告诉你“我不需要了解过程，我只看结果”。

所以，就算你有一千个计划、一万个正在进行的行动，也不如有一件落到实处的事。只有真正掌握在手里的才是财富，只有真正做完的事情才是功绩。对于个人来说，最艰难的时刻就是那些决定的时刻，因为人很容易逃避现实，明明知道怎样做才是正确的，可就是下不了决心，对自己不够狠。

几年前，我体检时查出肿瘤，需要手术，明明知道选择立刻手术才是对自己最好的，可是我下不了决心，总觉得自己又没有什么感觉，说不定过段时间肿瘤自己就消失了呢。关于这样的自欺欺人，我相信每个人都有过。于是，我为自己找了一大堆理由：我现在工作正忙着呢，待一段时间再说吧；我可以找一找食疗方面的书，调节一下，说不定肿瘤自己会消失；我现在经济正紧张呢，要不等年终奖拿下来再说吧……总之，所有能用上的借口，都来到这里折磨我。

就在决定到底做还是不做的这一个月中，我犹豫不决，左右摇摆，被自己的思虑折磨得憔悴不堪。最终还是家人帮我下了决心，“一定要手术，肿瘤绝不会自己消失，而且越早手术越好，所有的一切你都不用担心”。此决定一出，我觉得这件事情终于尘埃落定了。至于怎样手术，怎样护理，工作怎么办，钱怎么筹集，我都一一想出了对策。

很多事情，你不可能在做之前就作好了完全的准备，所以，你要考虑的并不是“出了问题怎么办”，而是你决定是否要做，你决定要怎样做。出现问题、矛盾并不可怕，可怕的是，如果你不去解决它，它就会一直成为你的心事。只要下了决心，作好了决定，就可以找出无数种方法来应对事情解决过程中出现的问题。

很多年轻人之所以一直忙碌而没有结果，就是因为他们不能下定决心要做这件事，他们总是在左右摇摆，总是在犹豫不决，于是很多事情就悬在那里了。一件事情总是在等待解决的办法，对于事情的进展没有任何好处，而且会不断重复消耗你的精力，因为你每考虑一次这件事，就要把所有方方面面的事情都考虑一遍。逃避不能解决任何问题，唯一能解决问题的方法就是下定决心，一定要去做，至于怎样做，则是"车到山前必有路"的问题了。

还有一部分年轻人之所以忙而无果，是因为他们总是在决定之后没有落实，或者事情做到一半就不再坚持了，结果导致很多事情都是做了一半再无下文。或者同时推进几个项目，但因为精力有限，导致事情后继无力，最终只得不了了之。这样的事情可能每个人都干过，如果接着这样做下去，你会发现每天都在忙碌，而事情却没有一点眉目。

想要忙有所得，忙有所获，就必须要摆脱总停留在进度当中的状态，要让每一天都有收获，每一件事情都有一个期限。作好了决定，就一定要立刻行动起来，不拖沓，更不要半途而废，直到这件事情有一个最终结果。当然，事情并不一定是耽误在自己手里，很可能别人也会拖沓，也会不把事情落到实处，这就需要我们有坚持的精神，看不到成果就要一直追查、追问、紧盯不放，直到有结果为止。

做一千件半途而废的事，也不如做一件完完整整的事情，做事的过程中不要找任何借口来推脱，成功者只找途径，失败者才会找借口。如果能够做到这一点，就是一个好的执行者。一般的年轻人在公司都处在执行者的位置，执行力是唯一能够自傲的地方，唯一能够表现自己的地方，如果连执行也做不好，何况是决策呢？

面对上司交代下来的事情，成熟的年轻人只会说两句话——“好，我马上去做”“是，我一定尽力做好”。正在奋斗的你，不要有考虑、推诿的借口和理由，这样才能做到忙而有果，有成就、有收获。

参考文献

[1]梦婷.不完美的自己，我的人生我做主[M].北京：煤炭工业出版公司，2019.

[2]段秋文. 别让你的迷茫，耽误你的人生[M].北京：中国铁道出版社，2017.

[3]王志纲.我的命运我做主[M].厦门：鹭江出版社，2015.

[4]刘宝江.尽管去做，别辜负成功的另一种可能[M].北京：台海出版社，2016.